もっと通勤数学

1日1題 和算も

岡部恒治

motto tsūkin sūgaku
ichinichi ichidai
wasanmo
okabe tsuneharu

亜紀書房

まえがき

前回出版した『通勤数学1日1題』は、おかげさまでたくさんの反響がありました。その中で、読者からいくつかの要望や励ましの言葉をいただきました。その声に応えなければと思い、また私自身、機会があれば、もう少し踏み込んだことも書きたいと思っていました。

そこで、続編として『もっと通勤数学1日1題』の話がきたときに、即座にお引き受けしました。

『通勤数学1日1題』は、小学校の数学の知識からあまり外れないことを前提としていました。でも、今回はその前提を外し、中学校で習う「ピタゴラスの定理」なども入れています。ただ、小学生でも読めばわかるようにしたところは変わりません。

私は、数学には枠や制限がないほうがよいと以前から考えて実行してきたつもりです（さすがに検定教科書はそうもいきませんが……）。まだ習っていない生徒には、その意味をかみくだいて、楽しいことを伝えながら教えればよいのです。

特に、ピタゴラスの定理やそこから出てくる平方根なども加えると、数学や思考の世界をもっと広く、違った観点から眺めることができますし、おもしろくもなります。その一例として、本書では、ピタゴラスの定理を用いて、スカイツリーの展望台から見ることのできる範囲の問題も考えました。

本書には、第１章をはじめとして、「和算」の考え方を随所に取り入れました。「和算」というのは、江戸時代を頂点にして日本人が作り上げた数学の世界です。その特徴は直観的な思考法で、庶民も「算額《さんがく》（寺社に自分の問題や解答を奉納した絵馬）」を通じて参加してきたことです。

その中からすばらしい仕事も生み出してきました。特に、和算家の関孝和《せきたかかず》は、行列式の概念に世界で最初に到達しています。また、その弟子の建《たけ》部《べ》賢弘《かたひろ》は、円周率の計算の中でリチャードソン加速法を発見しています。その公式がヨーロッパで再発見されるのは190年もあとのことでした。

前著でも書きましたが、私は計算が苦手です。でも、計算の練習は一生懸命やりました。それだけに、計算が大切であることは、骨身にしみて理解しています。

また、暗記も計算よりさらに苦手でした。一般には入試に必要と思われているその２つが苦手でも、なんとかなったのは、数学のおかげです。数学を学ぶことで、数学で「物事を順序だてて考える」思考法を身につけて、要領がよくなり、暗記や計算を減らすことができたからです。

本書は、そういう思考法を紹介し、少しでも皆様のお役に立てればと思っています。

　最後になりましたが、書籍化にいたるまで、以下の方をはじめとするたくさんの方々にお世話になりました。
　特に、算額研究家の深川英俊氏、トモエ算盤の藤本トモエ氏、編集者の岡村知弘氏、亜紀書房ZERO事業部の松戸さち子氏と土肥雅人氏、日本数学協会の長谷川愛美氏に深く感謝いたします。

　2012年4月

岡《おか》部《べ》恒治《つねはる》

もっと通勤数学１日１題 和算も　目次

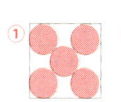

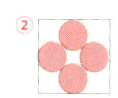

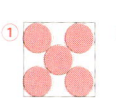

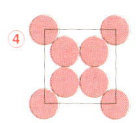

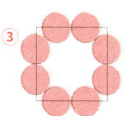

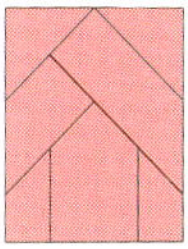

第3章　「直観的理解・納得」のトレーニング
ピタゴラスの定理

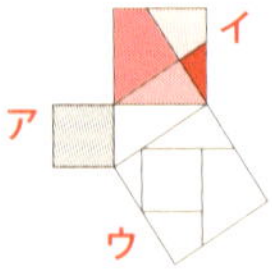

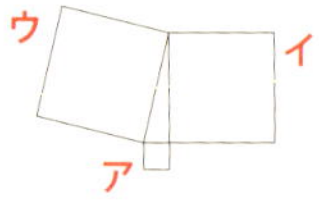

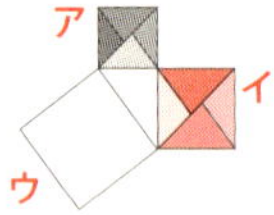

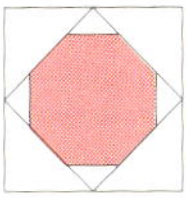

第4章 「計る道具」で数学の深さを知る 砂時計問題

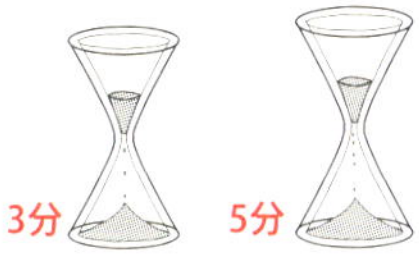

第5章 グラフで和算の解を求める 油分け算

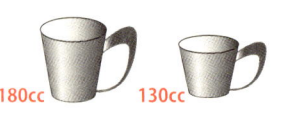

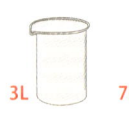

もっと
通勤数学
1日1題
和算も

第　1　章

和算でひらめき力を試す

算《さん》額《がく》パズル

小学生でも楽しめる、和算を応用したパズル

2000年ごろに改訂された学習指導要領については、授業時間数の大幅な削減などで、厳しい評価が大多数の数学者の一致した意見でした。

ただ、私は２つの点で評価すべきと思っています。

１つは、「数学基礎」の創設で、もう１つは、高校の学習指導要領解説の中にはじめて「和算《わさん》」が例示されたことです。

日本が西洋の数学による教育を組織的に始めたのが、明治維新後でした。そして和算は、明治の教育改革によってほとんど追放同然の仕打ちを受けていたのです。

その後、高《たか》木《ぎ》貞《てい》治《じ》、岡潔《おかきよし》などを筆頭に、驚異的な速さで日本は世界の数学先進国の仲間入りを果たしています。

このことから、「明治の教育改革が功を奏した」と考えるのは早計です。岡潔の書いたものを読むと、東洋的な、というより日本的な思想がその根幹を流れていることがわかります。

日本の伝統的な和算の思考法が、教育上大きな役割を果たしていた、と見るべきなのです。

江戸時代、数学愛好者たちが自分の解いた問題や作った問題を絵《え》馬《ま》にして神社や寺に奉納しました。それを算額《さんがく》といいます。その算額研究の一人者の深川英俊《ふかがわひでとし》さんから、異形同術問題（問題の〈形〉は違うが、同じ結果になる問題）を紹介してもらったことがあります。

この問題は、和算の世界でも、すべて「ピタゴラスの定理で計算する」となっていたのですが、「これを少し色づけすれば、小学生でもできる、頭を使うおもしろいパズルになりそうだ」と、ひらめきました。それこそ、ひらめきを重視する和算の特徴です。

この章の問題で使っていいのは、小学校算数の知識だけです。それでも、以下のことは使えます。

- 折り返して図形が重なるとき、対応する線分の長さが等しい。
- 移動して重なるとき、対応する線分の長さが等しい。
- 図形はいくらでもコピーできる。
- 縦横２倍、縦横３倍のコピーが可能。

先ほど述べた、「小学生でもできる」という言葉は、「小学生のほうができる」に改めたほうがよいのかもしれません。小学生や中学生のほうが、難しい道具を知らないだけに、それを使わずに簡単に解いてくれることもあったくらいです。「難しい道具を使わなくとも、直観的に解ける」問題こそが、数学的な脳を作るには最適なものです。

算額の問題では、最初に正方形が与えられて、その中の円の大きさを求める問題がほとんどでした。でも、その形でやると、どうしても、「ピタゴラスの定理」に頼りがちになり、「小学校算数の知識」から外れてしまいます。

ですから、ここでは、最初に円の大きさが与えられていて、そこから正方形の１辺の長さが等しくなることを示すように、問題を変えました。形は逆のようですが、問題の趣旨はまったく変わっていません。

このように、逆から考えることも実は重要な数学的思考法です。

さて、グダグダいってないで、問題を示しましょう。これから始まる問題には、必ず解答を１つはつけましたが、解答に至る道筋はたくさんあります。ぜひ、ほかの方法も考えてください。なお、この章で扱う円の大きさはすべて同じとします。

01 次の図①と図②の正方形の１辺の長さが同じであることを示しなさい。

①

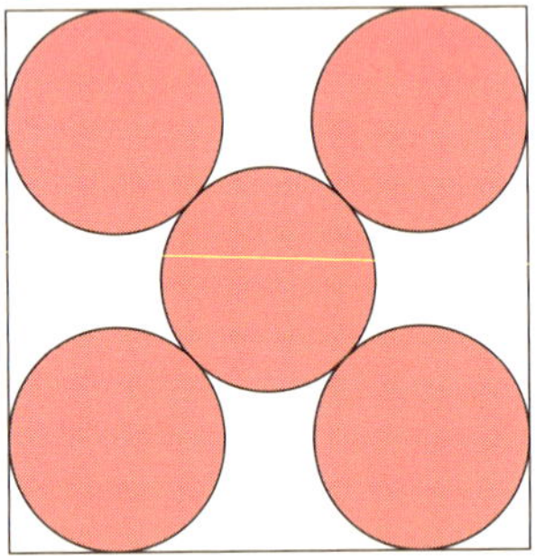

①は、正方形の中に、図のように同じ直径の５つの円があります。円と隣の円は接しており、外側の４つの円は正方形の２辺に接しています。

②

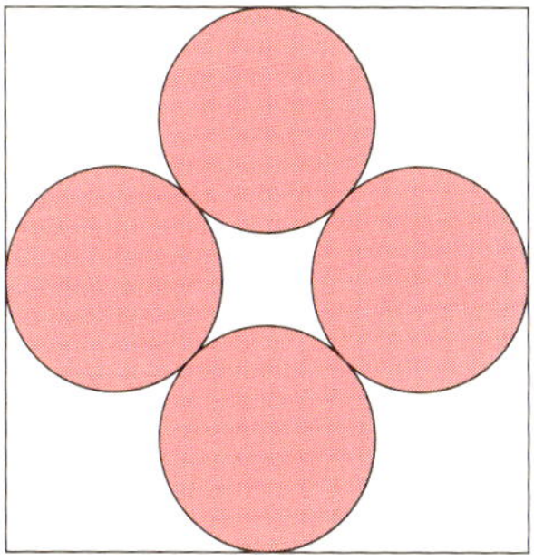

②は、正方形の中に、図のように①の円と同じ直径の４つの円があります。円と隣の円は接しており、４つの円は正方形の１辺に接しています。

なお、この形でもピタゴラスの定理で正方形の１辺の長さを計算することができます。でもその方法はここではとらないようお願いします。

本書の後半でピタゴラスの定理を使って、（元の形の）問題を示します。それまでは我慢！

01 解答

以下のように①から②を求めます（ちなみにここには書きませんが、②から①を出す方法もあります）。

①　①

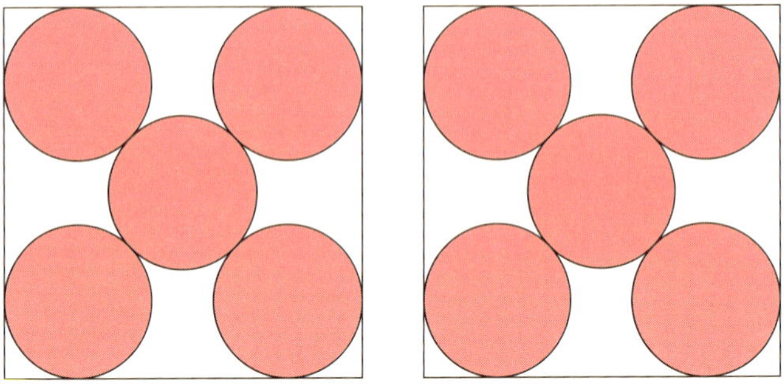

①を2つもってきて

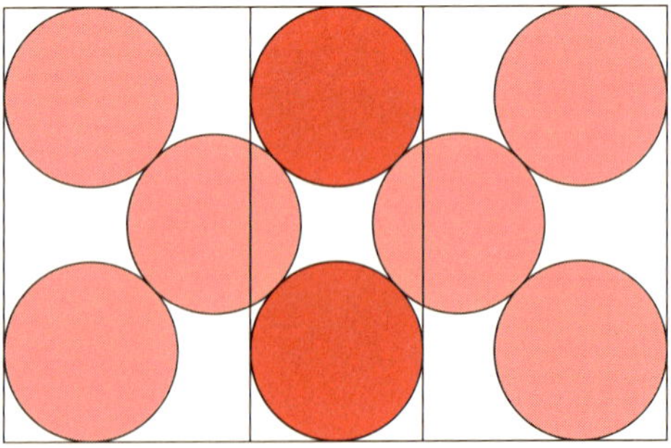

2つの円を重ねる

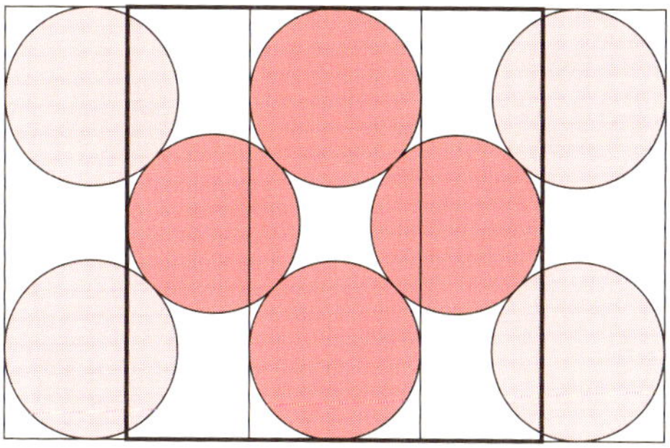

真ん中の部分に着目し、4つの円に接する長方形（あるいは正方形）を描く

②

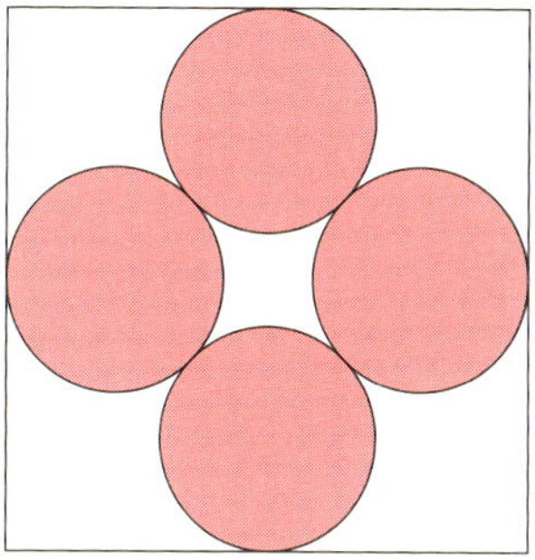

②の形が見える!

ほぼ、これで完了ですが、ちょっと注意が必要です。

最後に出てきた長方形（あるいは正方形）が正方形であることを示す必要があります。

これは、図形の対称性（新しい四角形の対角線で折ると、辺と辺が重なるなど）からほとんど明らかです。でも、もっときっちり言葉にして確かめたい方もいらっしゃるでしょう。

次の「確かめ」は、気になる人だけ読んでください。

気になる人のための「確かめ」

前ページ上段の太い線で囲んだ長方形の縦の長さは、①と同じですね。問題は、横の長さです。前ページ上段の図は、下図のように考えることができます。

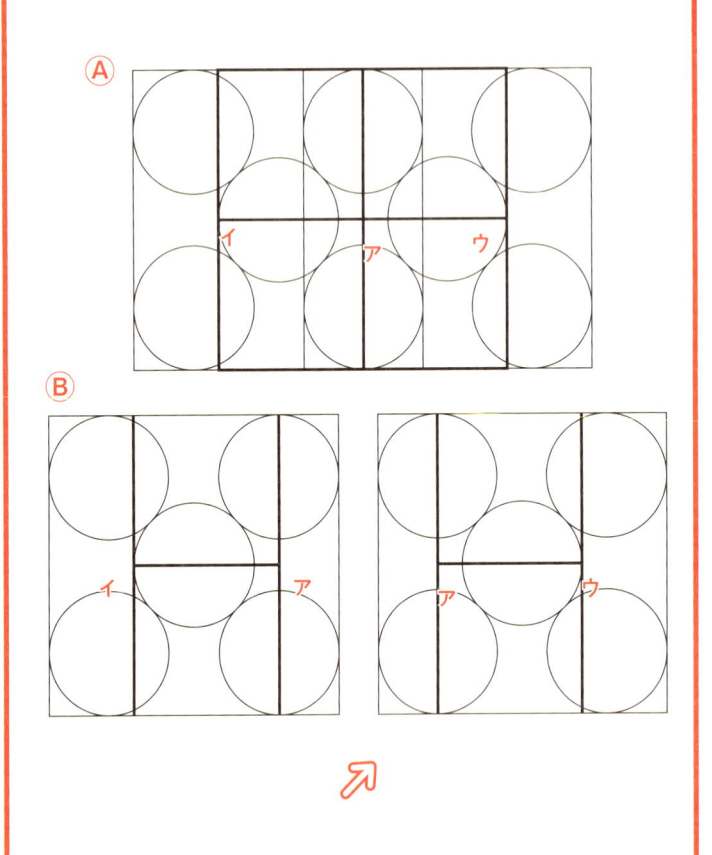

Ⓐ

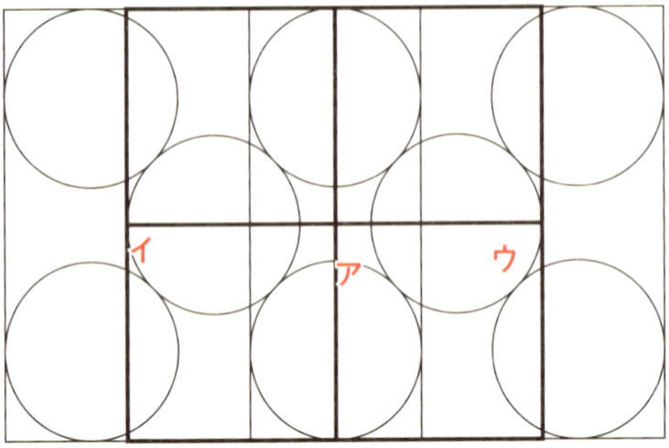

Ⓑ

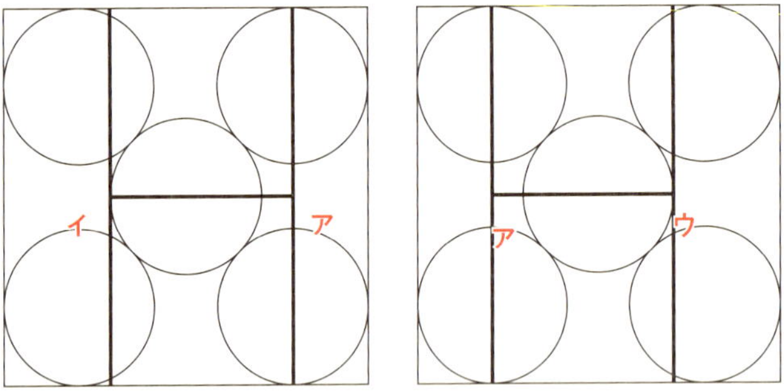

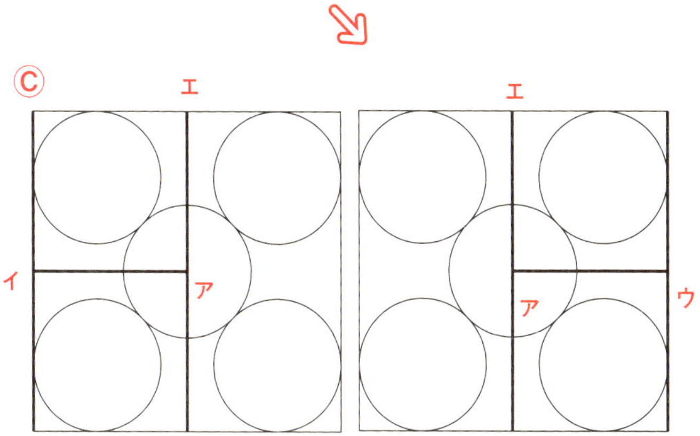

このとき、Ⓑの左図を見ると、アを通る線は①の左のほうの2円の中心を通る線で、イを通る線は真ん中の円の左側で接しています。このアイを含むH形の太線をその形のまま左に移動すると、Ⓒの左図のようにアは真ん中の円の中心で、イは左の辺（左の円に接しています）の上にきます。このことから、アイの長さはアエの長さと等しいことがわかります。同じように、アウの長さもアエの長さに等しくなっています。このことから、イウの長さは元の正方形の1辺と同じ長さとわかるのです。

問題01のやり方をおぼえたら、それをほかの問題で使ってみましょう。問題01に出てきた図②を使って考えてみます。

02 図①と次の図③の正方形の1辺の長さが同じであることを示しなさい。

③は正方形の辺の上に中心をもち、互いに接する円を8個、図のように（各辺に2個ずつ）並べたものです。

これも、①から②を出したのと同じように、①または②をいくつか並べて③の形を出せばよいでしょう。そのとき、③の正方形の1辺が②と同じ長さになっていることを、（直観的でもいいですから）確かめるようにしてください。

①

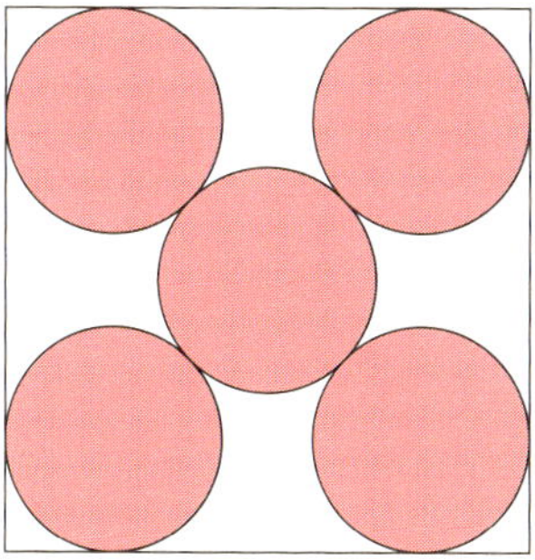

②

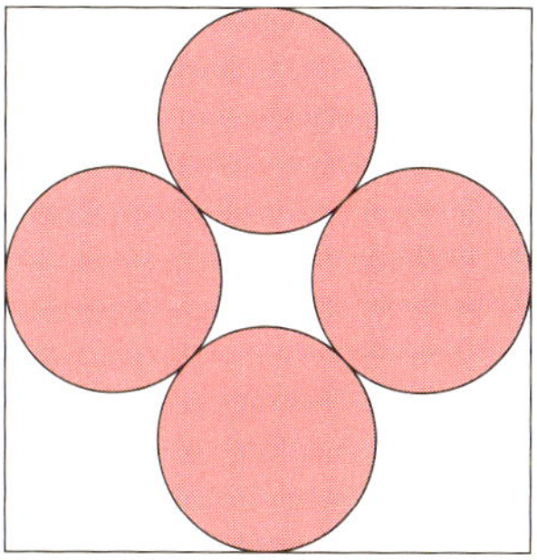

③

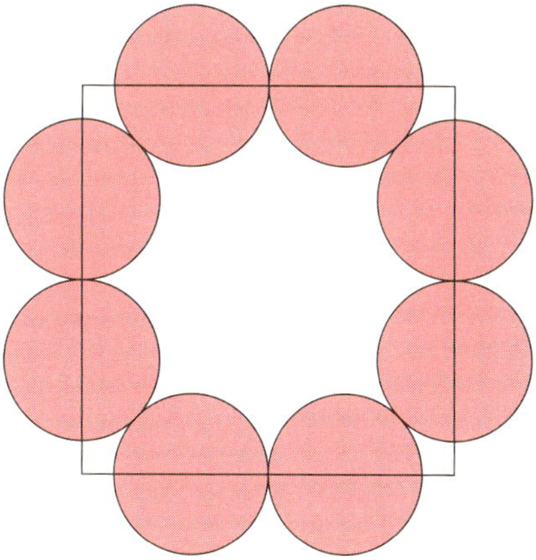

02 解答

図のように②を４つコピーして並べます。そうして、じーっと眺めると、真ん中に③の形が見えてきます。

もちろん、このままでは正方形がありませんから、最初に４つもってきた正方形のそれぞれの中心を４頂点として、四角形を描いてみます。

そして辺の長さを確認するために、できた四角形の辺を延長しておきます。そうすると、それが元の正方形②と同じ大きさの正方形であることはすぐわかりますね。

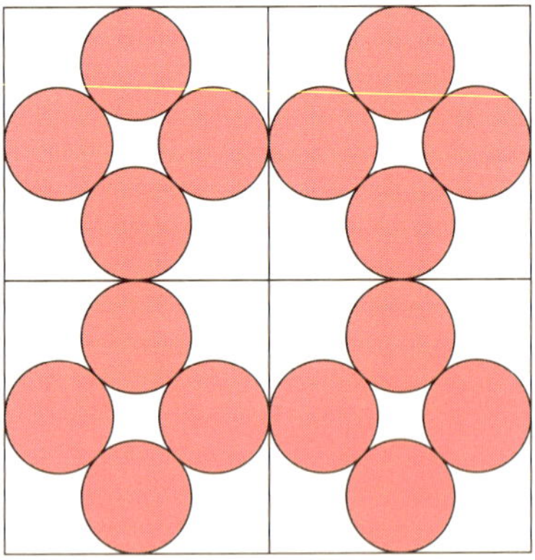

②を４つくっつける

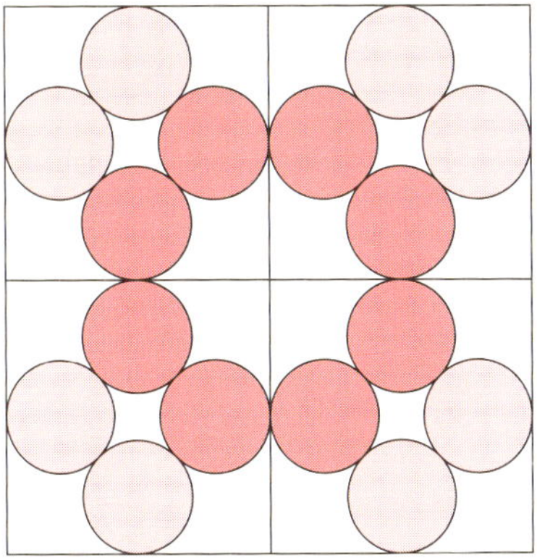

真ん中に着目！

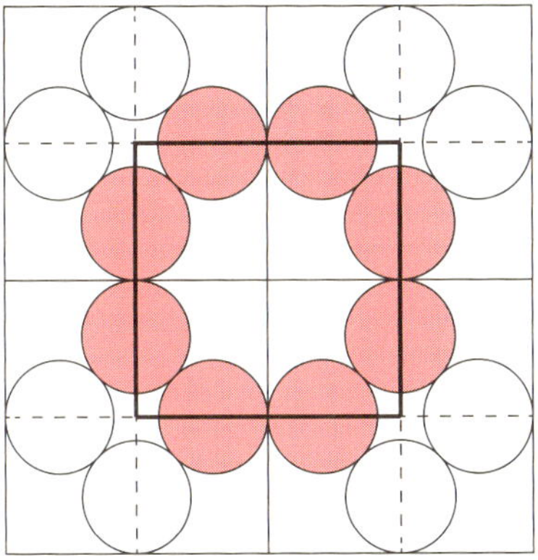

①の４つの正方形の中心を結ぶ

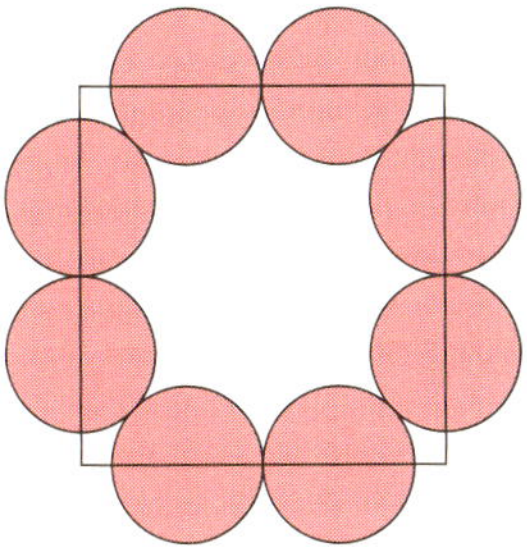

③が見える！

では、問題02とほとんど同じ問題を考えてみましょう。このような、「形」は違うが、同じ答えになる問題を、「異形同術問題」と呼びます。

03 図①と次の図④の正方形の１辺の長さが同じであることを示しなさい。

④は正方形の頂点を中心とする円４個と、正方形の中に互いに接する円４個を図のように並べたものです。

「えっ、この④が問題02の③とほとんど同じだって!?」と思った方も多いでしょう。

異形同術問題は、「見かけが違っても同じ答えになる」というのが元の意味です。でも、それだけでなく、同じ解き方になるケースに注目することこそが数学的脳の開発に重要です。

それは、「見かけが違っても、本質は同じ」という、ものの分析にとって大変大切な見方につながるからです。

①

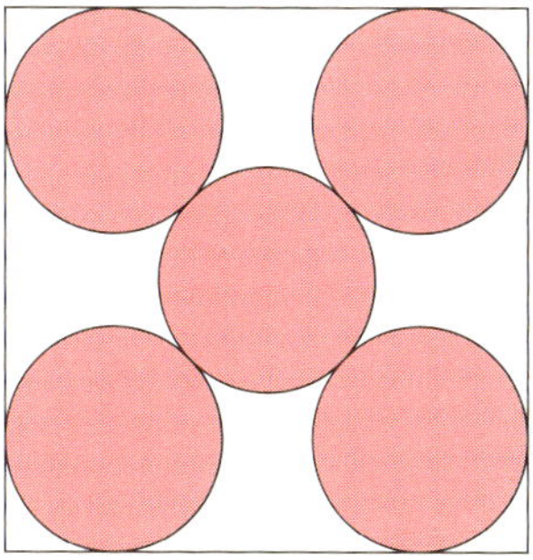

②

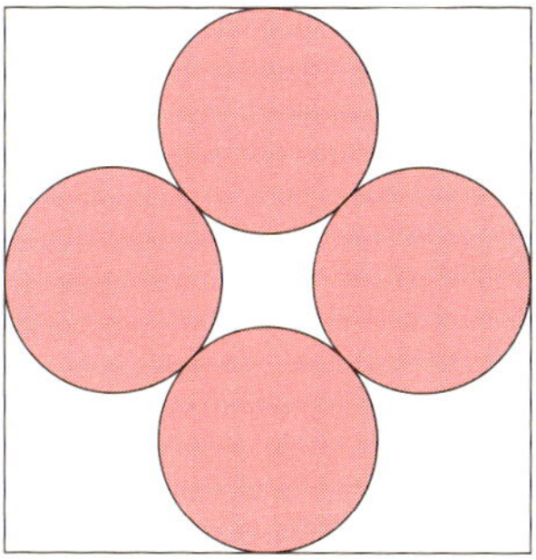

④

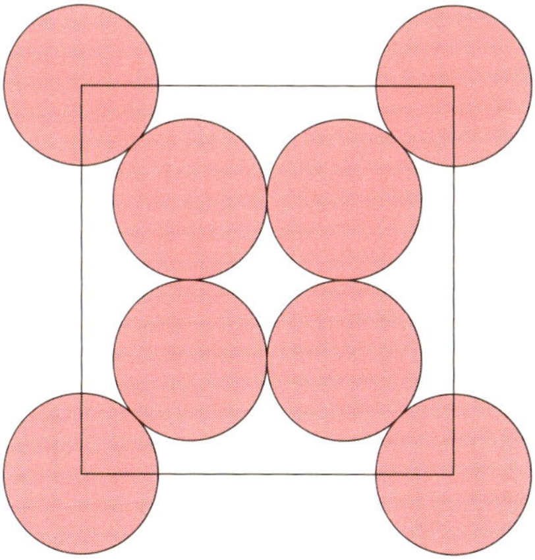

03 解答

最終的な形が③と④ではまったく違いますから、「同じ」といっても、完全に同じではありません。今回は図のように、①を４つ並べてから、真ん中の８つの円に着目します。

前の③を作るときには、最初に②を４つ並べました。今度は①を４つ並べてみたのです。そうすると、あとは問題02と同じように進めていく道筋が図の中に見えてきますね。

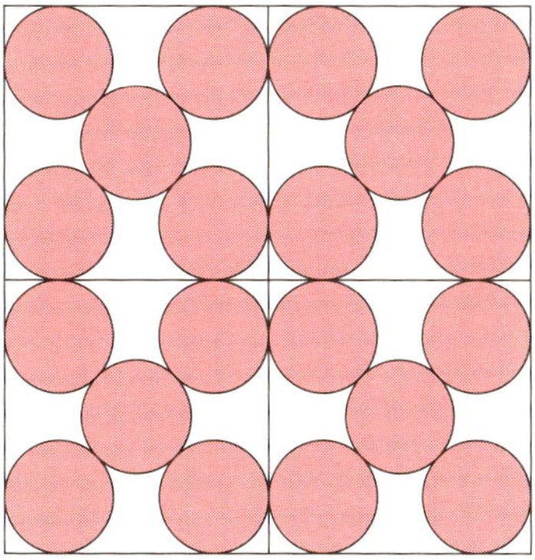

①を4つくっつける

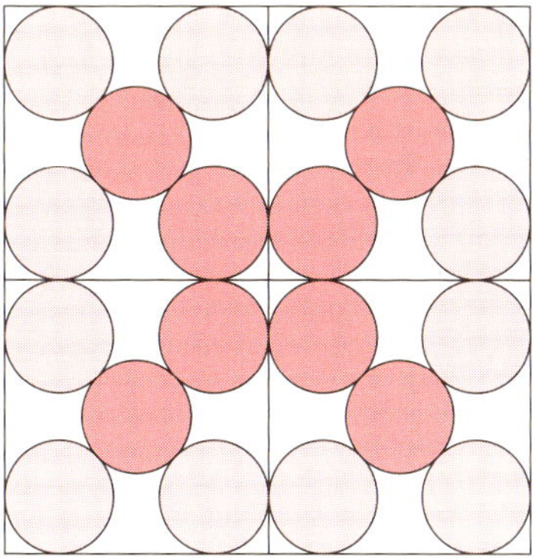

真ん中に着目！

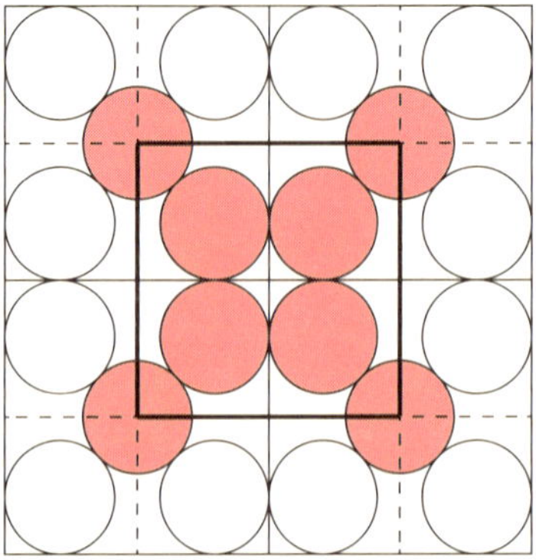

①の４つの正方形の中心を結ぶ

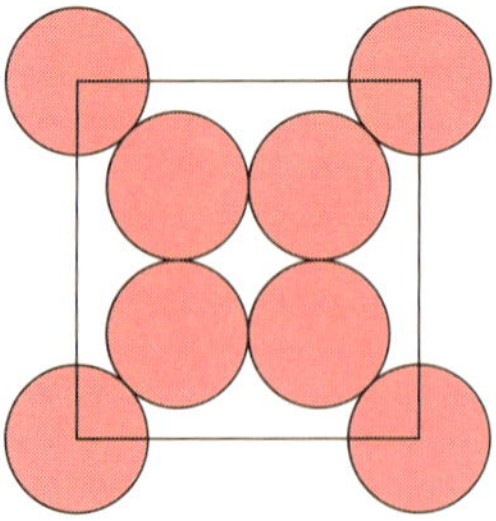

④が見える

どうです、問題02と問題03の解き方が同じということが見えてきたでしょうか。

これは、高校までの勉強でもいえることですが、問題の解答をすべて覚えていたら、疲れますし、いくら脳の余力が豊富にあっても足りなくなります。

あまり気づかないだけで、このような同じ解き方の問題は、いろいろな形で転がっています。それに気づくことができれば、時間的にも精神的にも余裕ができるというものです。

ただ、同じ点だけでなく違う点も明確に意識することが肝要です。

さて、問題を続けましょう。問題は順を追って難しくするつもりで並べましたが、次の問題は、途中で簡単な方法が見つかり、問題01にすべきか迷ったくらいです。迷ったのは、それだけヒントに気づきにくいともいえるからです。

04 図①と次の図⑤の正方形の1辺の長さが同じであることを示しなさい。

ただし、⑤の円は、①の正方形の4つの辺の中点を結んでできる正方形の中に図のように接して入っています。

なお、この問題では、今まで示してきた①～④の図の正方形の1辺の長さがすべて等しいことを用いてかまいません。

なおこの問題は、2008年に数学協会で出した関《せき》孝和《たかかず》（江戸時代の有名な和算家）没後300年記念懸賞問題の小中学生部門に出したものです。

①

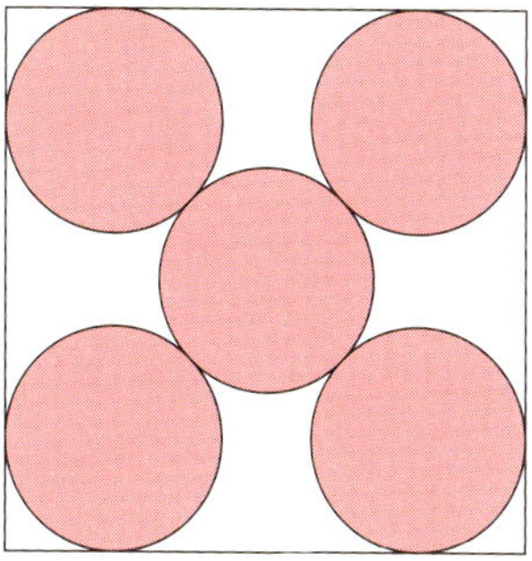

②

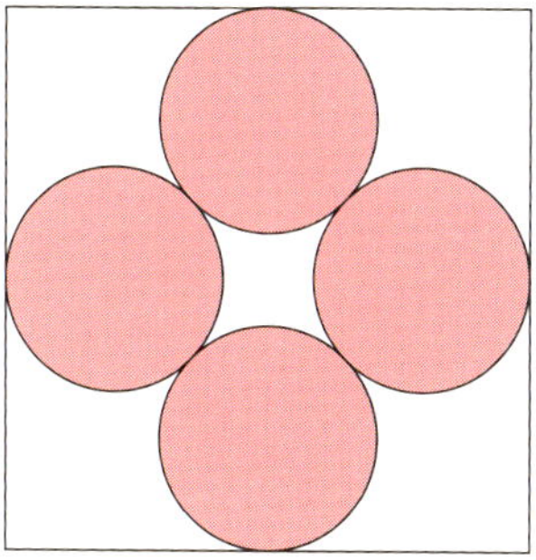

⑤

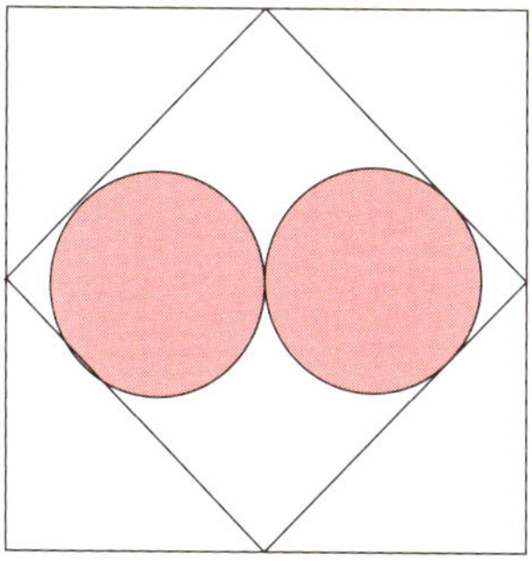

04 解答 1

問題02で①、②と同じ大きさとされた③を使います。

まず、③を２つもってきて、２つの円が一致するように上下に重ねます。

そして、上下２つの正方形に対角線を引くと、重ねた円のまわりに⑤の形が浮かびます。

③

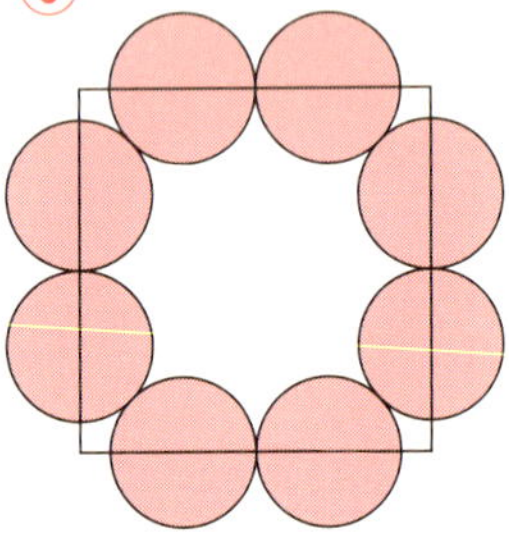

③

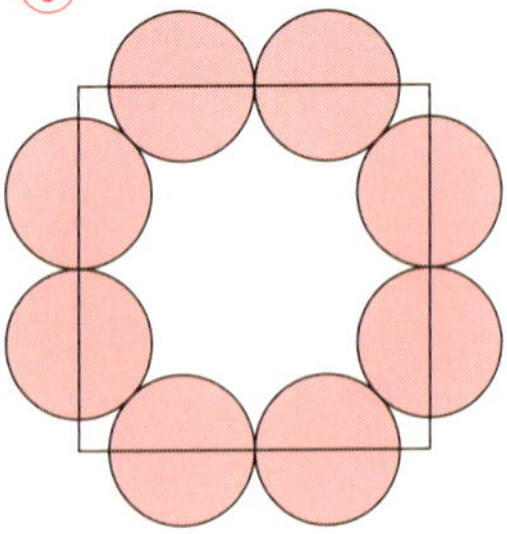

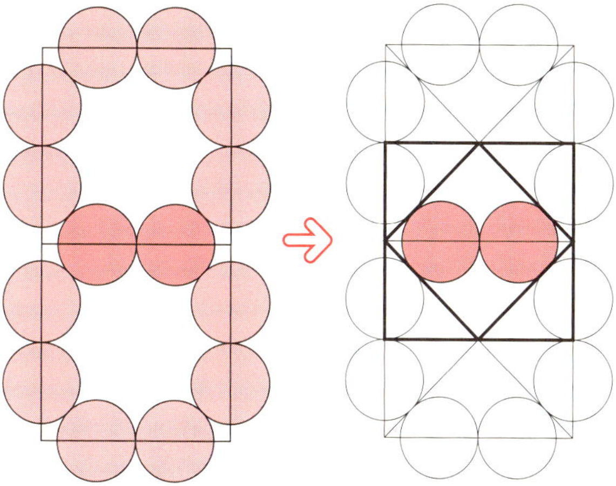

それぞれ２つずつ
円を重ねる

対角線を引くと
見えてくる

この解答1は、問題02、03をやったすぐあとに解いて書いたものです。実は、これを問題02、03を解いたあとにやったのは失敗かとも思っています。というのは、もっともっとエレガントな解答があったからです。それが次ページにある解答2です。

04 解答 2

まず、②を２つ横にくっつけます。それから、２つの正方形のそれぞれに対角線を引くと、もう⑤の形が見えてきます。

最後にできた太線の長方形が正方形になることは、20ページと同じやり方で確かめられます。

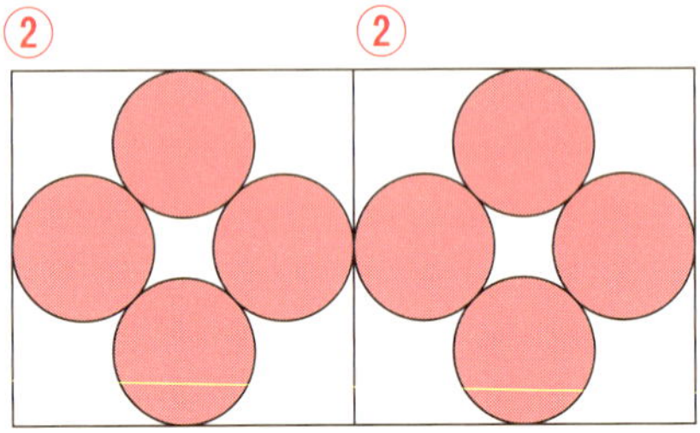

2つの②を辺でくっつける

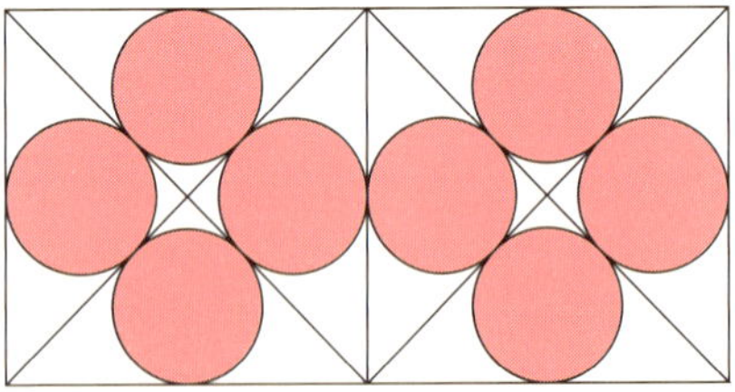

2つの正方形に対角線を引く

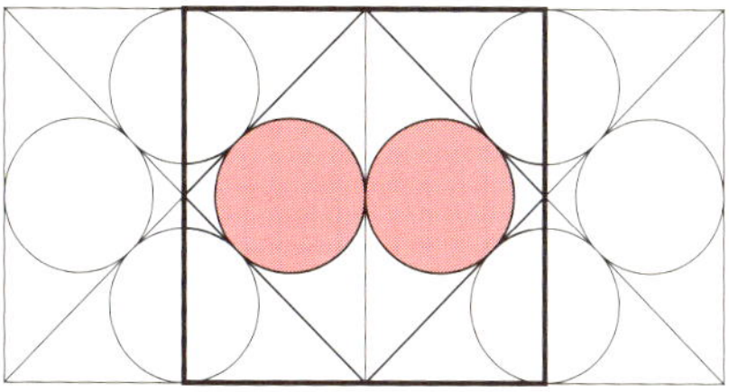

真ん中の部分に着目し、左右の
正方形の中心点を含む長方形を描く

⑤

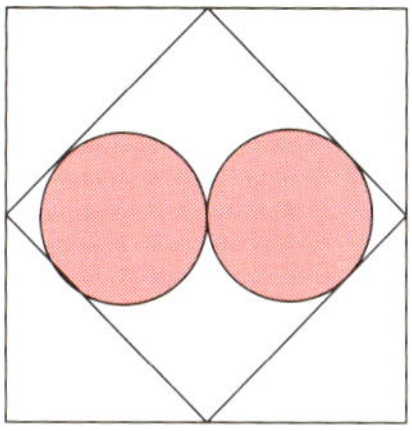

⑤の形が見える！

この解答を書いたのは、年賀状の返事を書いているときでした。私は毎年、年賀状で問題を１問ずつ出しています。問題には、解答は書かないで、皆さんに解く楽しみを味わってもらおうと考えています。

小学生の知識だけで解けるこの算額パズルを出したある年、数学科の同級生の友人が、小学生が知っているはずがない知識を使った解答を送ってきました。

それに応《こた》えて正解を書こうとしましたが、③を示してから、⑤を説明するのは、やはり面倒です。そこで、「③を使ってできるなら、③を導いた②から直接やってもいいはず」と思って、試みたら、直接できて簡単な解答があったのです。

できたことに満足せず、「これでいいのか」と、深く考えるべきでした。何度も振り返ることが進歩（簡単で短い解答）につながるのです。

前の解答１は、先に③を示して、それを安易に使ってしまったのです。「なんでも手当たり次第に使わずに、道具は少なくしたほうが、脳が鍛えられ、工夫が生まれる」。これは、プラトンの言葉です。

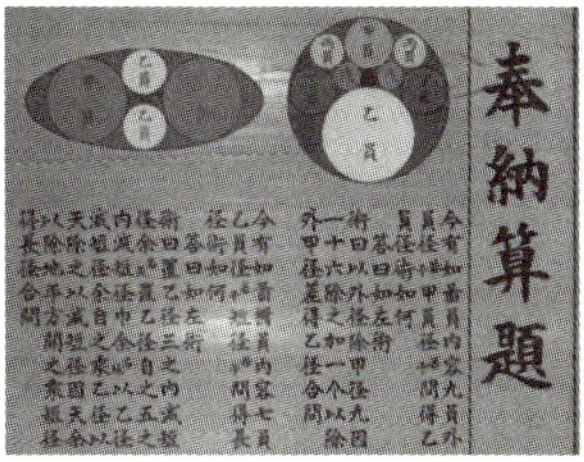

江戸時代に奉納された算額

次の問題は、高校生に非常におもしろい解き方を教えてもらった記憶があります。頭のひらめきが必要な問題は、若い人ほど有利です。まさに、「後生《こうせい》畏《おそ》るべし（あとから生まれてくるものは、これからどこまで伸びていくかわからない）」ですね。

05 図①と次の図⑥の正方形の１辺の長さが同じであることを示しなさい。

⑥の小円３つは、正方形の対角線上にそって入っていて、そのうち２つは、２倍の半径の大円に接するように入っています。

また、大円は正方形の上と左の２辺に接しています。

①

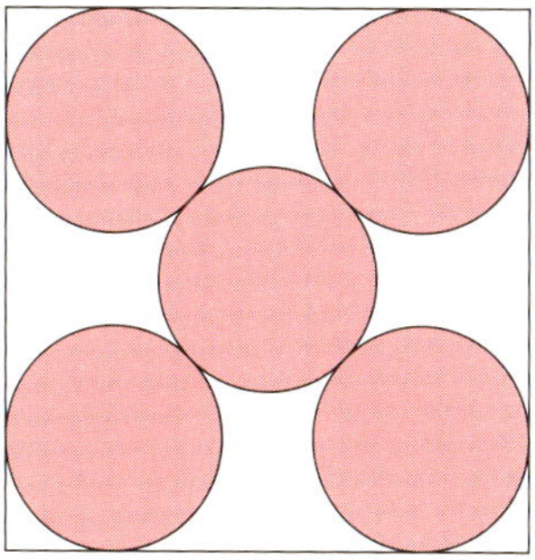

⑥

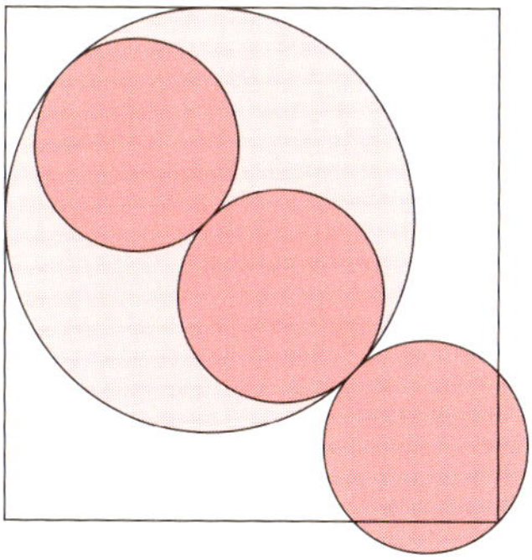

05 解答

①の図を縦横２倍して、その中に元の円を入れることができれば、すぐ形が見えてきます。

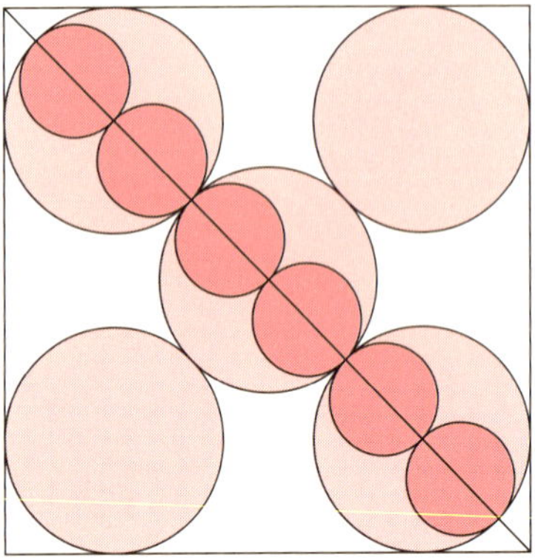

①を縦横2倍にして、円の中に元の円を対角線にそって6個入れた。それぞれの大きい円の中に小さい円がきっちり2個入り、その2個の円は、大きい円の中心で接する

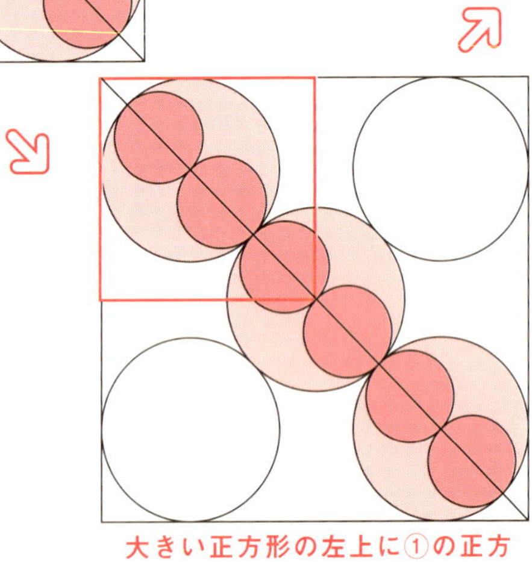

大きい正方形の左上に①の正方形を元の大きさで書き込む

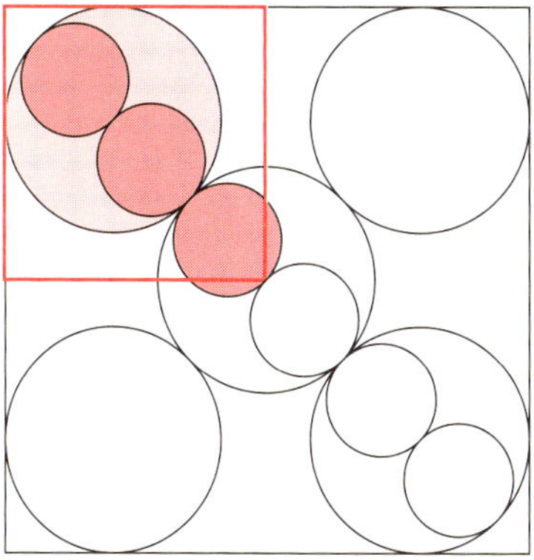

左上の正方形の部分に着目

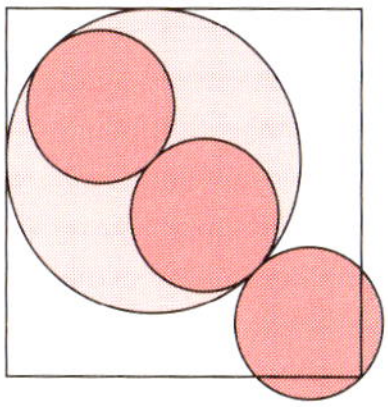

⑥の形が見える

次の問題も、いい解答に気づくまで、結構手こずったものです。これをエレガントに解くのは、相当難易度が高いと思われます。ぜひ、チャレンジしてください。

06 図①と次の図⑦の正方形の1辺の長さが同じであることを示しなさい。

⑦の図形を説明します。まず、赤色の正方形の下の辺に、45°傾いた黒い正方形が接しています。また、赤色の正方形の上の辺に円が接していて、その円は黒い正方形の上の頂点と接しています。円の大きさは①、②と同じとします。

なお、この問題では、今まで示してきた①～⑥の図の正方形の1辺の長さがすべて等しいことを用いてかまいません。

ヒント　問題03を思い出しましょう。

①

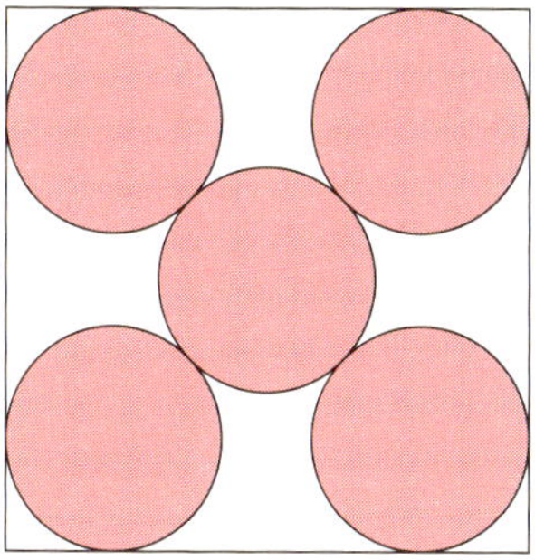

②

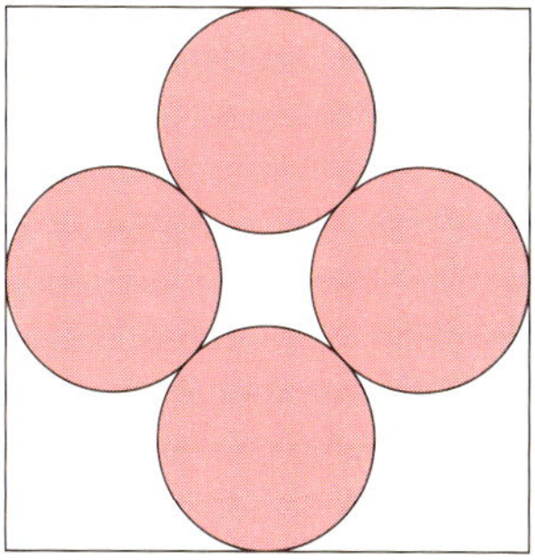

⑦

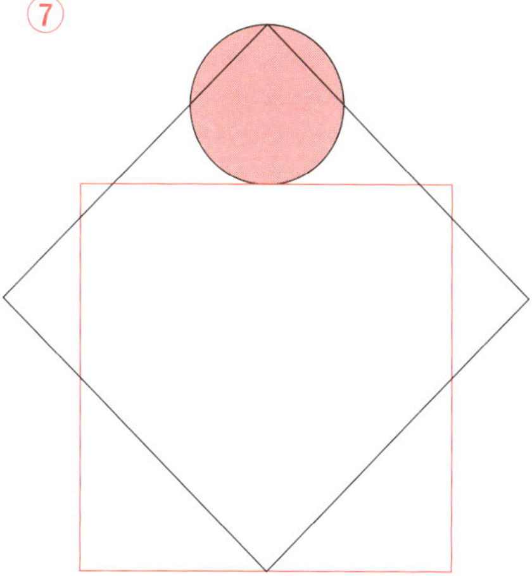

06 解答

まず、ヒントにあるように、①の図を４枚くっつけます。

そうしてから、④を出したとき（28ページ）の正方形を描きます。

次に、その正方形を右上方向、斜め45°に円の半径分だけ動かします。そうすると、黒い正方形の右上の頂点と左下の頂点は円と円の接点にきます。つまり、この２頂点で正方形が内側から円に接しています。

このとき、中の４つの円（３番目の図の濃い赤色の円）を見ると、これは②の図の４つの円を45°傾けた形です。ですから、その外側に赤色の正方形を描けば②の形です。こうしてできた４番目の形を45°回転すれば⑦の形が現れます。

①→④のときの図を思い出せ！

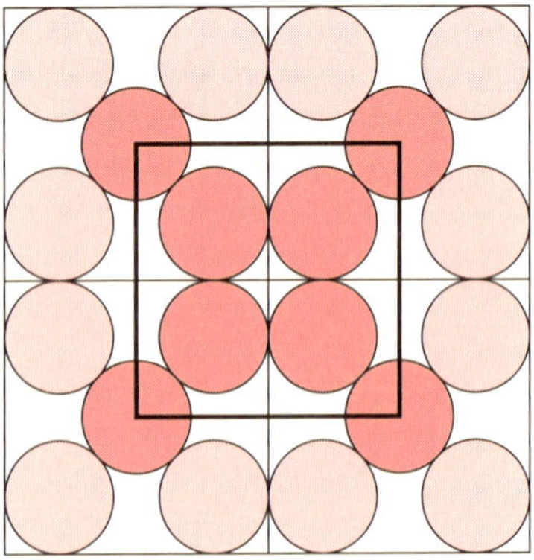

あのときは真ん中に着目した

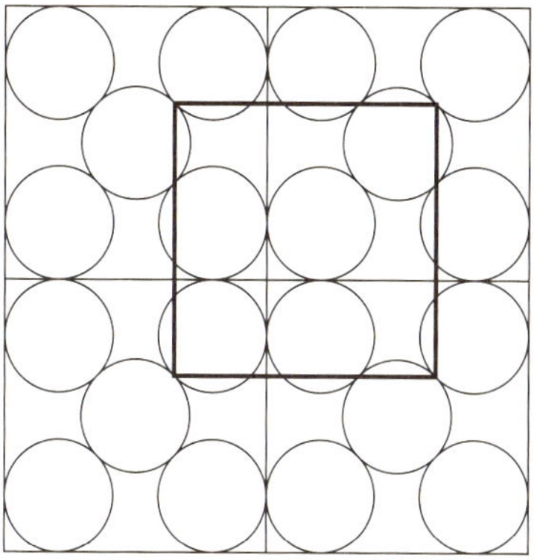

黒い正方形を円の
半径分斜め45°にずらす

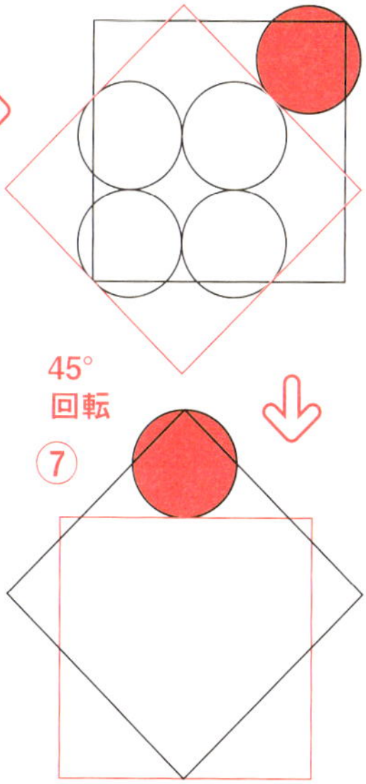

真ん中の４つの赤色の円は
②の図形の中にあった。
その外側は赤色の正方形

次は、前回の問題06が解ければ、非常にやさしい問題です。

07 図①と次の図⑧の正方形の1辺の長さが同じであることを示しなさい。

⑧の図を説明しておきましょう。まず、中心O、半径OAの円の円《えん》弧《こ》を正方形の中に描いておきます。また、その円弧に赤色の円は接し、また赤色の円の円周は正方形の頂点Dを通ります。赤色の円の大きさは①、②と同じです。

なお、この問題では、今まで示してきた①〜⑦の図の正方形の1辺の長さがすべて等しいことを用いてかまいません。

ヒント 問題06で、すでに⑦の正方形の1辺の長さが、①、②の正方形の1辺の長さと同じことを見ています。このことを用いると簡単です。

①

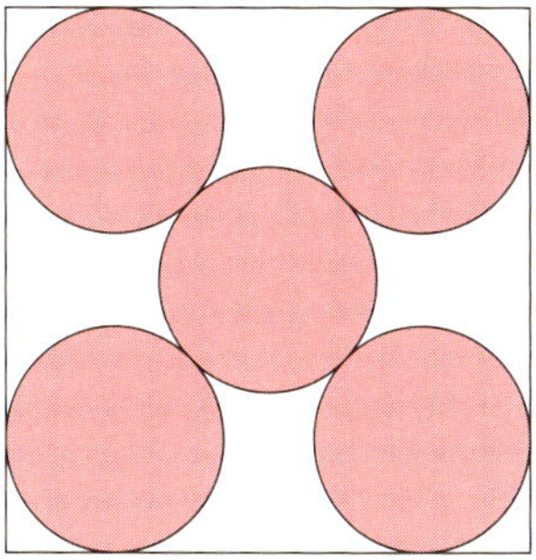

②

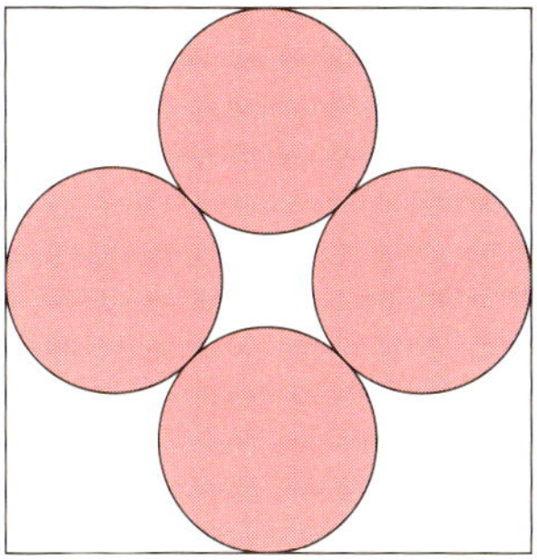

⑧

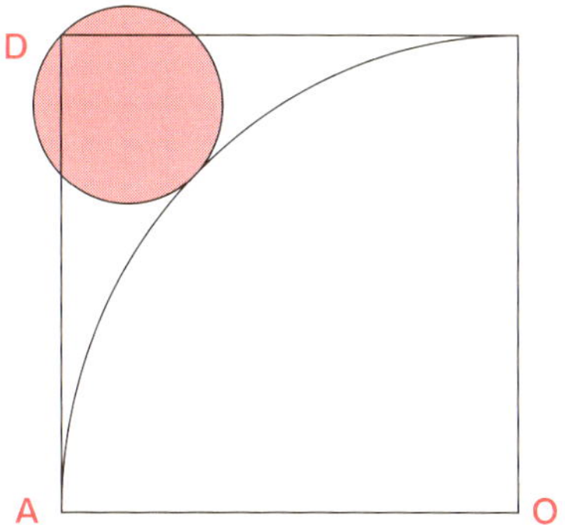

07 解答

まず、⑦の図で、２つの正方形の辺の長さが等しいことから、次のことが成り立ちます。

OA＝OB＝OC

よって、Oを中心としてOAを半径とする円を描くと、その円は点Cで、赤色の正方形に接します（２番目の図）。

この図から、赤色の正方形を消すと、３番目の図になります。

３番目の図を45°回転させると、⑧の図が出てきます。この⑧の正方形は⑦の正方形の１つを回転させたものにすぎませんから、辺の長さは変わりません。

よって、⑧の正方形の辺の長さは①、②の辺の長さと同じであることがわかります。

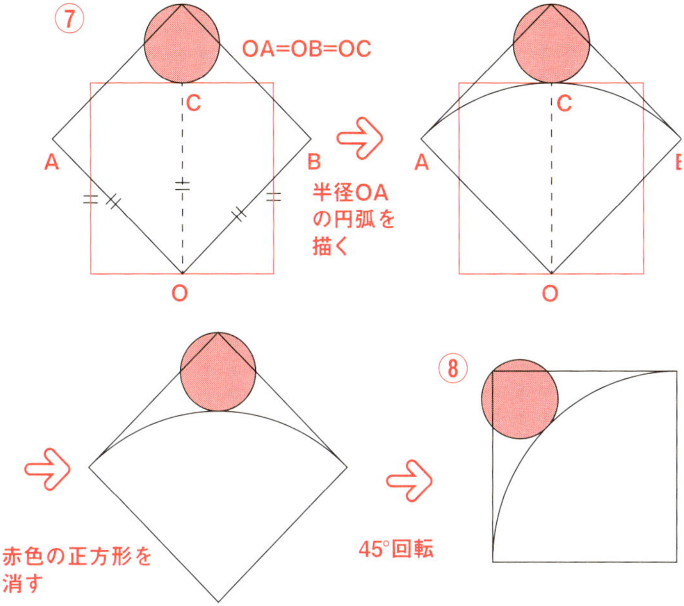
⑦
OA=OB=OC
C
A
B
O
半径OA
の円弧を
描く
C
A
B
O
赤色の正方形を
消す
45°回転
⑧

この章の最後は、一見やさしそうなのに、あまりエレガントな解答がなかった問題を紹介します。いろいろな解答が試みられましたが、私が感心したものはまだ出ていません。こっちのほうがエレガントだ、と思われる解答があったら、ぜひ、ご連絡ください。

08 図①と次の図⑨の正方形の1辺の長さが同じであることを示しなさい。

⑨の円はすべて①、②の円と同じ大きさとします。

なお、この問題では、今まで示してきた①～⑧の図の正方形の1辺の長さがすべて等しいことを用いてかまいません。

エレガントさの判定は主観によるところが大きいので、私と考え方が異なることもあります。その際はご寛恕《かんじょ》ください。

①

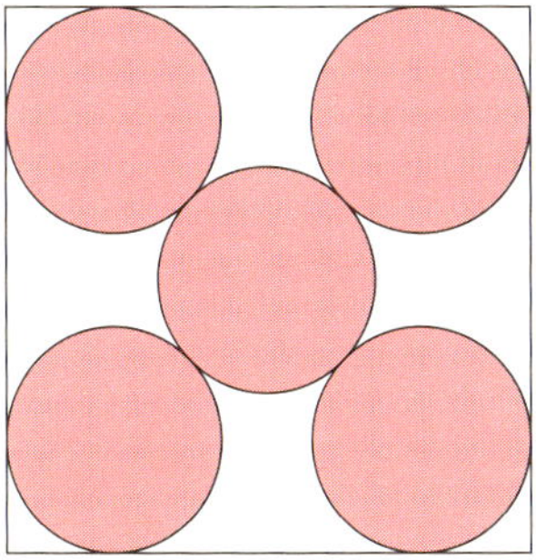

②

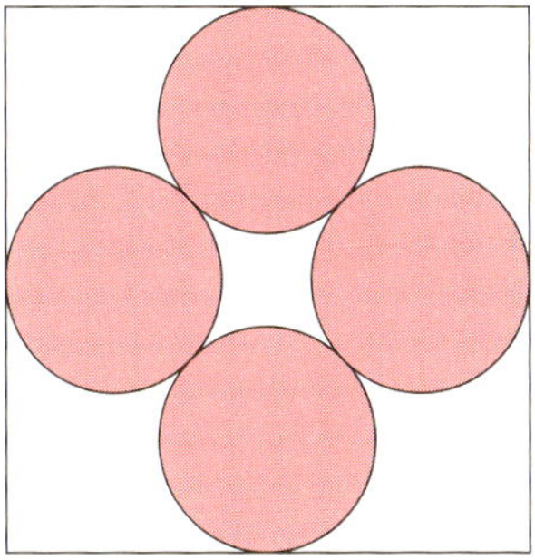

⑨

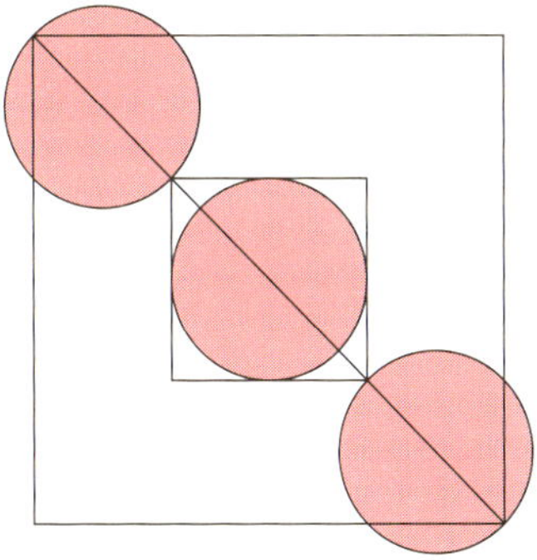

08 解答1

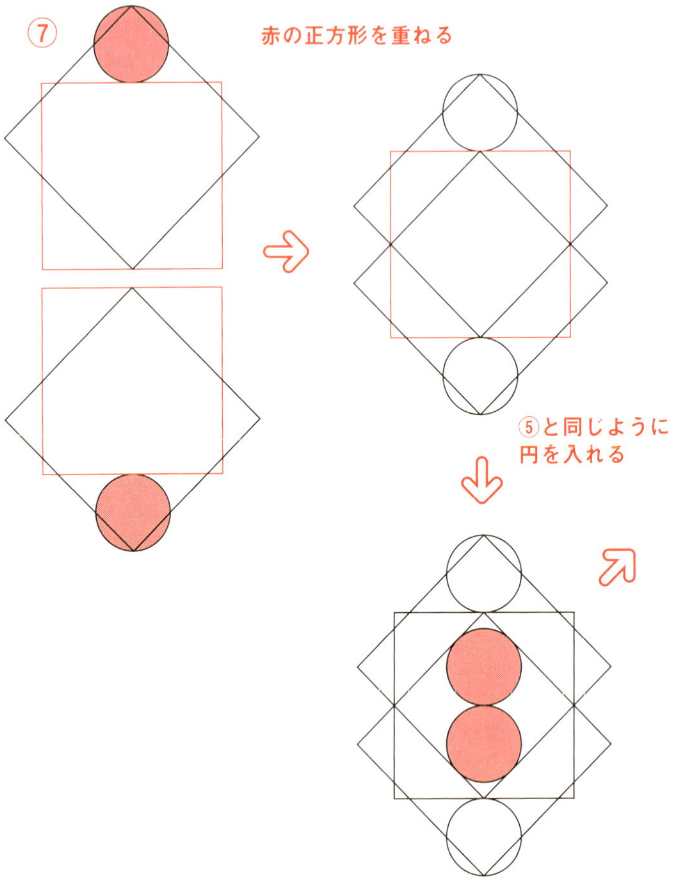

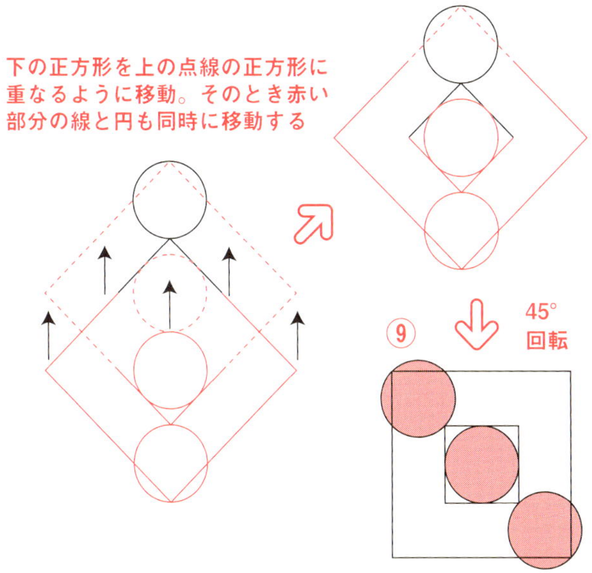
下の正方形を上の点線の正方形に
重なるように移動。そのとき赤い
部分の線と円も同時に移動する
⑨
45°
回転

08 解答2

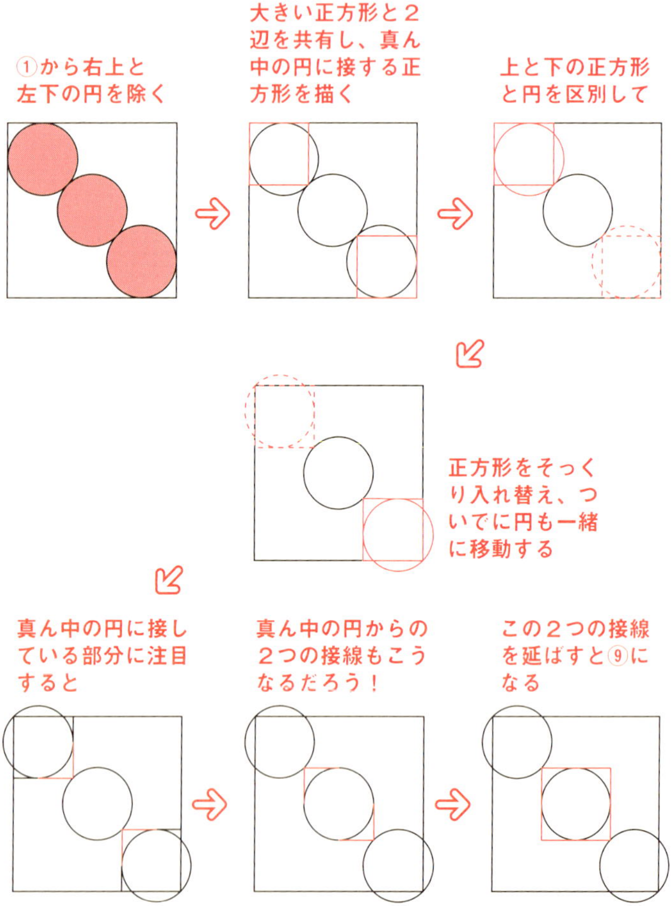
①から右上と
左下の円を除く
大きい正方形と２
辺を共有し、真ん
中の円に接する正
方形を描く
上と下の正方形
と円を区別して
正方形をそっく
り入れ替え、つ
いでに円も一緒
に移動する
真ん中の円に接し
ている部分に注目
すると
真ん中の円からの
２つの接線もこう
なるだろう！
この２つの接線
を延ばすと⑨に
なる

まだまだ、ほかにも別の解答はありますが、これといって、決め手がありません。ぜひ、よい解答をお寄せください。

第　2　章

「清少納言智恵の板」でやわらか頭をつくる

シルエットパズル

世界中で遊ばれている伝統的パズル

いくつかのかけらを用いて新しい形（シルエット）を作るパズルを「シルエットパズル」といいます。よく知られているものの１つに中国が発祥の「タングラム」があります。私が監修した体験型ミュージアム「リスーピア」の中に「ビッグタングラム」というコーナーがあります。また、リスーピアでは、『ビッグタングラム』（ワニブックス）という本も出しています。

このほかに、有名なシルエットパズルには、日本の「清少《せいしょう》納《な》言《ごん》智《ち》恵《え》の板《いた》（以降「智恵の板」と略します）」、これまた日本のラッキーパズル、ドイツのハートパズルなどがあります。これらは、断りのない限り、すべて裏返しして使ってもよいことになっています。

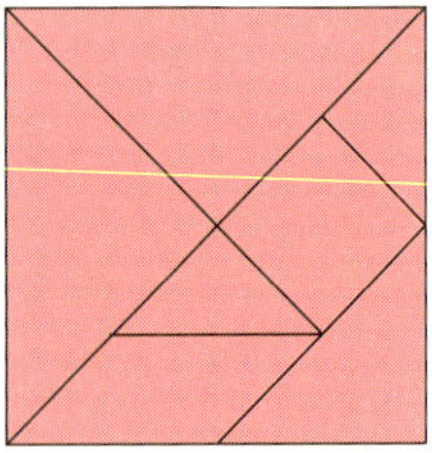

タングラム

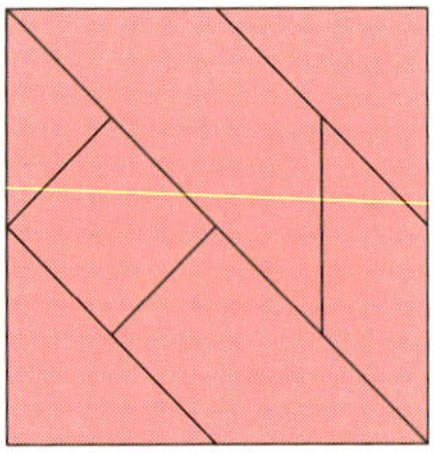

清少納言智恵の板

ハートパズル

ラッキーパズル

特に、タングラムと智恵の板は同じ7枚のかけらで、かなり似ており、なんらかの影響があったと思われます。教育関係者の中では、タングラムのほうが人気があり、「タングラム」という言葉をシルエットパズルの代名詞のように使っている方もいらっしゃるようです。

しかし、私は、タングラムより智恵の板のほうをシルエットパズルの代表にすべきだと思っています。そのこともあって、リスーピアの2階の数学パズルを楽しむコーナーには、智恵の板も入れました。また、本書の付録としてつけています。

智恵の板のほうを代表とするべきという理由は、いくつかあります。その第1の理由は、歴史的なものです。これらのパズルには、古さを誇示するような逸話が必ずついています。古さは、一種のステータスでもあるのです。

智恵の板の発祥は、「清少納言」とついているので、平安時代かと思いきや、一番古い文献は、江戸時代の1742（寛保《かんぽう》2）年に刊行された『清少納言智恵の板』という本です。それでも、これらの有名なシルエットパズルの中では最古です。この点で智恵の板こそシルエットパズルの代表と主張すべきです。

一方、それに対抗して、アメリカのパズル作家サム・ロイドはタングラムの本に「このパズルは4000年前にタンという人によってつくられた」と書きました。しかし、今では、「この説はサム・ロイドの創作」とされています。タングラムの一番古い文献は1803年のに中国で発行された『七巧八《しちこうはち》分《ぶ》図《ず》』で、智恵の板に比べると60年もの遅れをとっています。

ハートパズルは1880年代にドイツのリヒター社から売り出さ

れ、ラッキーパズルは1935年に日本のハナヤマから売り出されています。

智恵の板を代表と考える第2の理由は、アメリカのパズル作家マーティン・ガードナーも指摘した「7枚のかけらのバランスのよさ」です。そのことからシルエットがタングラムより多彩になっています。ガードナーが絶賛した具体的なシルエットは、のちほど取り上げます。

第3の理由としては、これらのパズルは正方形のケースに入れて片づけるわけですが、その入れ方が2通りあるということです。タングラムは1通りしかありません。
「数学は、解答が1つに決まるから好き」という生徒がいますが、これは、「問題にあいまいさがない」ということを指していると思います。しかし、数学でもさまざまなアプロ－チが可能で、解答も1通りとは限らない問題が、「よい問題」とされています。そのほうが頭脳の訓練には向いているからです。この点でも、ほかのパズルより智恵の板のほうが優れています。
なお、正方形は中心を軸に90°、180°、270°回転しても、左右反転しても正方形になります。ですから、1つの入れ方に対して、その回転（次ページ図①〜④）と左右反転の組み合わせで出てくる形（⑤〜⑧）を合わせた8つは同じものとみなします。
このことは、付録の「智恵の板」の厚紙を回転させると左側の4つの形が、裏返すと右側の4つの形が確認できます。そして、7つの板を切り離して次の問題を考えましょう。紛失にご用心！

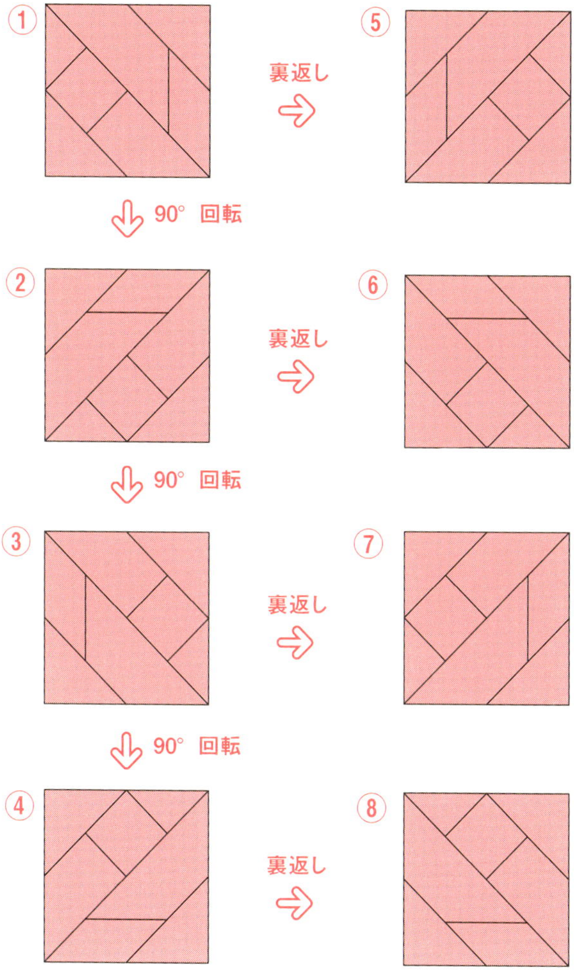
①
裏返し
⑤
90° 回転
②
裏返し
⑥
90° 回転
③
裏返し
⑦
90° 回転
④
裏返し
⑧

正方形のケースに入れる方法が２通りあるというのが、「清少納言智恵の板」の大きな特徴の１つです。まずはその入れ方を考えてみてください。巻末の付録を切り離して使いましょう。

09 智恵の板の正方形のケースに入れるもう１つの入れ方を正方形の中に描きなさい。

清少納言智恵の板

09 解答

別の入れ方は下の図のとおり。

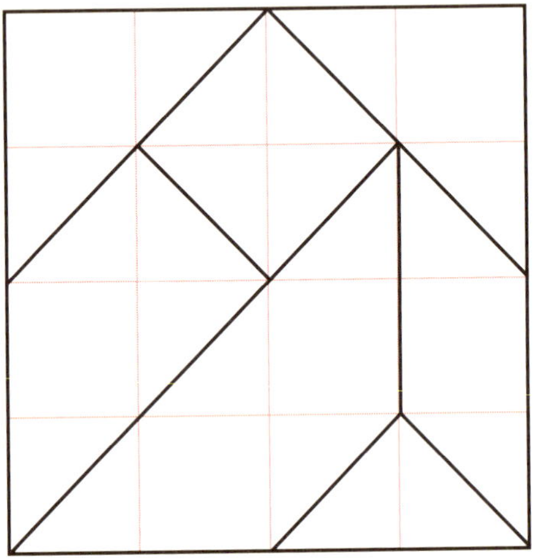

智恵の板の別の入れ方

この入れ方が、最初の入れ方と違うことを確認する方法は簡単です。

ア

清少納言智恵の板

イ

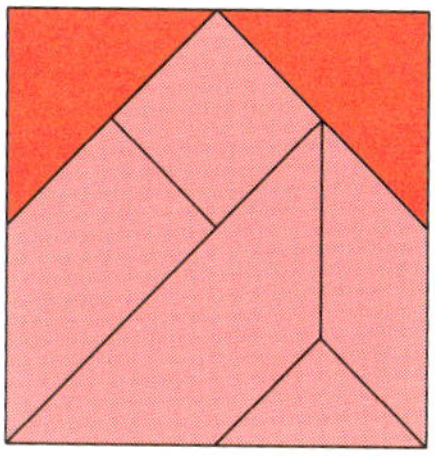

智恵の板の別の入れ方

大きい２枚の三角形の位置を見てください。いずれも、ケースの正方形の２つの頂点にありますが、アのほうは、正方形の中心に関して対称の位置で、向かい合うようになっています。一方のイのほうは、２つの三角形は、隣の頂点で、１点でくっついています。アを回転しても、左右反転しても、２つの三角形は一緒に動くので、この関係は変わりません。

アを回転したり、左右反転したりしてできる８通りの形は63ページにありますが、イの形が出てこないことを確かめてください。

シルエットパズルは、実は数学教育に非常に役立ちます。パズル好きでも、パズルに教育的価値を見いだせない方がいらっしゃいますが、そのような方には、このパズルを楽しんでいただきましょう。

10 三角形のかけらを使って矢印を作りなさい。

同じ大きさの正方形を対角線で２等分した直角二等辺三角形がたくさんあります。この中の何枚かを使って右の図のような矢印の形を作ります。

① できるだけ小さい矢印の形を作りなさい。
② ①で作った矢印より大きい矢印を作りなさい。また、この矢印の面積は①の矢印の面積の何倍ですか。

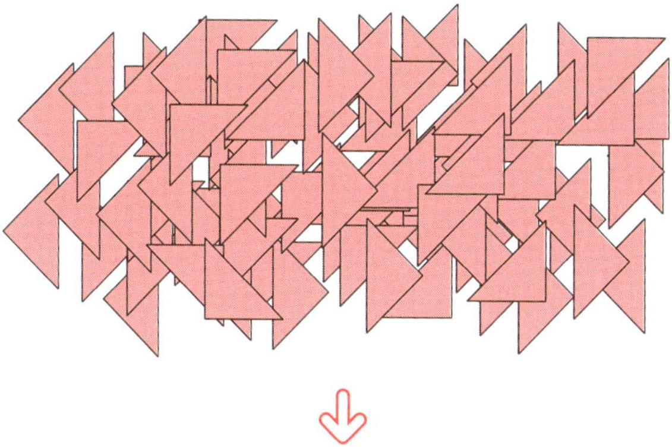

小さい矢印

大きい矢印

10 解答

簡単すぎたかもしれませんね。でも、教育的には奥の深い問題です。

ある小学校の算数専門の先生は次のように答えました。

①

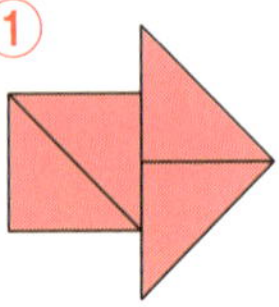

②

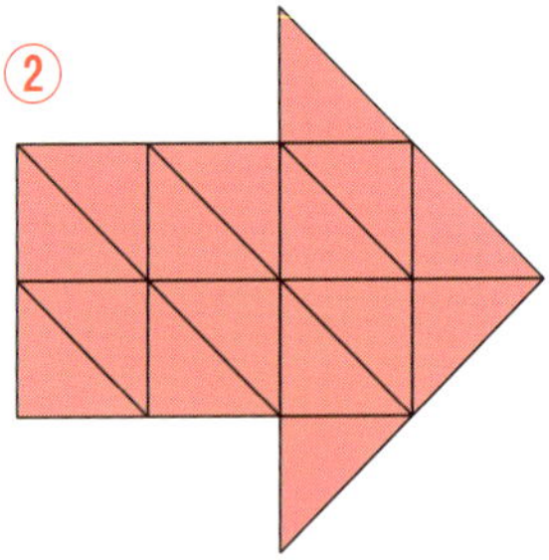

図の三角形の枚数を数えると、４枚と16枚だから、②は①の４倍です。

もちろんこれで正解。でも、「ほかにもありますね」と水を向けたら、「まわりの各部分の長さを2倍にして②を作ったから、各部分の長さが3倍の大きい矢印も作れる」と答えてくれました。

ただ、大きい矢印があまり大きすぎると、三角形の枚数が足りなくなる可能性もあるので、「先生の解答の①と②の間の大きさの矢印はできませんか？」と、さらに質問しました。皆さんも考えてください。

さて、問題10の解答の最後で出した問題を考えてみましょう。問題10とは違う考え方が必要になります。

11 三角形のかけらを使って小さい矢印の2倍の面積の矢印を作りなさい。

なお、①は三角形の板を4枚使用し、②は三角形の板を16枚使用しています。

つまり、8枚の板で矢印を作ればよい、ということです。

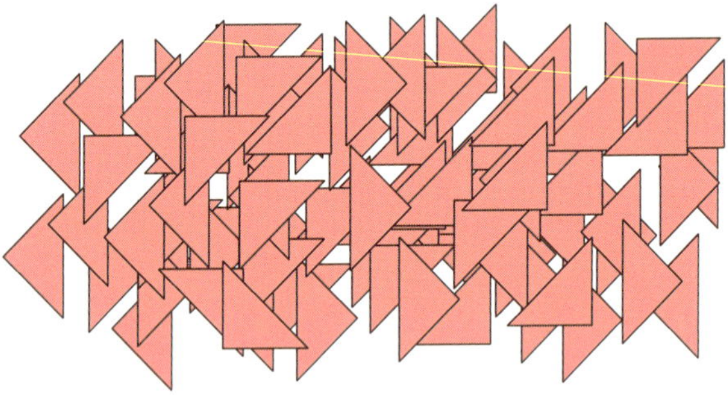

①
③
②

11 解答

まずは、解答を見てください。

①

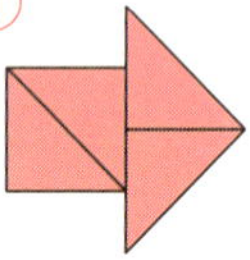

③

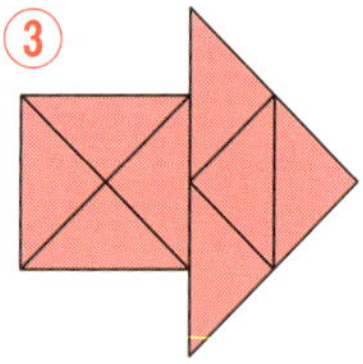

②

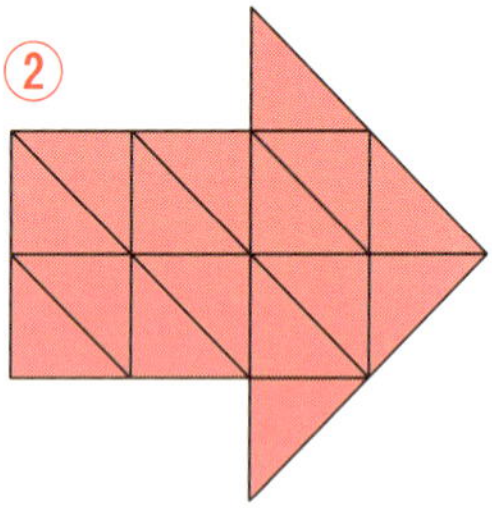

三角形が①、②と同じ向きだと、まわりの線の長さが2倍のシルエットしかできません。しかし、三角形の置き方を90°変えるだけで、③がわけなくできてしまいます。

実は、はじめ、私も①と②の解答に納得していたのです。この解答の三角形の向きが強く頭に残っていると、それしかないと思い込んでしまいがちです。問題11をわけなく解けた方は、大変頭がやわらかいのです。

私は、少し時間がかかりましたが、③の解答を思いついたのは、「面積が①の２倍のシルエットはないのか？」と、考えたからです。まわりの長さが２倍なら、面積は４倍で（2×2＝4）、まわりの長さが３倍なら面積は９倍です（3×3＝9）。つまり、まわりの線の長さを①の$\sqrt{2}$倍にすれば、$\sqrt{2}\times\sqrt{2}=2$ですから、面積が２倍になるだろうと考え、三角形の向きを45°変えてみたらうまくいった、というわけです。

こうしてみると、このパズルは、相似比《そうじひ》と面積比の関係に及ぶ大変教育的内容の深いものだったのです。

また、小学校の先生にとっては、$\sqrt{2}$倍というのは教材的価値が薄いものだったので、気づかないのは無理からぬところでしょう（私が最初に気づかなかったことは、弁解のしようがありません）。

少なくとも、「シルエットパズルに教育的な意味が若干はあるかな」と、感じていただけたでしょうか。実は、さらにその傾向を強くもっているシルエットパズルを紹介するつもりです。それは、あとのお楽しみにとっておきます。

この章の最初で、いくつかの代表的なシルエットパズルをざっと紹介しました。それらのパズルについて、代表的な問題を問いていきましょう。まずは、清少納言智恵の板の問題です。

12 智恵の板で「釘貫」のシルエットを作りなさい。

智恵の板の代表的な問題の１つが、次のページの釘貫《くぎぬき》です。釘貫というのは、「くぎ抜き」とは違います。三省堂《さんせいどう》の辞書によると、古語で「柱を立て並べ横木を貫き通した簡単な柵《さく》」とあります。

この図形は、タングラムでは作ることができません。それはなぜかも、考えてみてください。

ケースに入った
清少納言智恵の板

釘貫

12 解答

このシルエットにも、複数の解答があります。ぜひ、いろいろ試してください。

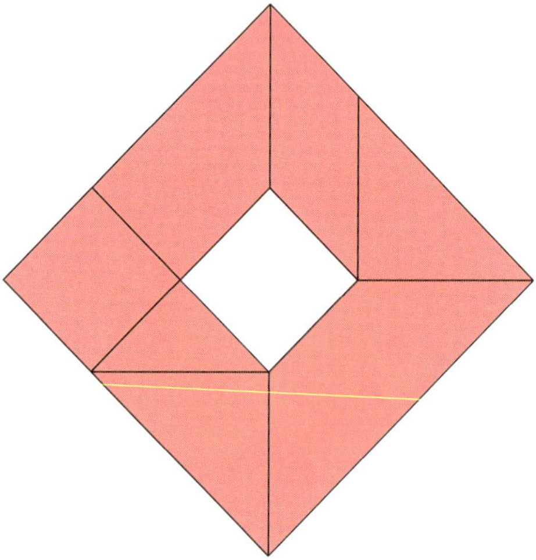

タングラムでこのシルエットを作ることができない理由は、次のように説明されます。

釘貫の幅を考えると、タングラムの大きい２つの三角形を同時に置くには①のように離さなければいけません（「三角形が大きいのでダメ」という説明は省略のしすぎ）。

タングラム　　清少納言智恵の板

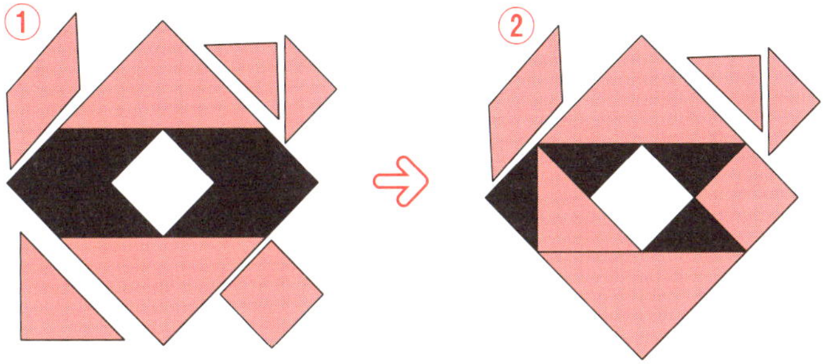

次に、正方形と、残った三角形のうち大きいほうを入れるには、残りの幅から②のようになります（左右と三角形の上下を逆にしてもあまり変わらない）。この段階で、平行四辺形を入れることが不可能になります。

智恵の板のいろいろな問題に挑戦していただきましょう。まずは初級の問題です。問題13と14は、1742年に世界で最初に出されたシルエットパズルの問題集『清少納言智恵の板』で出題されたものです。

13 智恵の板で次のシルエットを作りなさい〈初級編〉。

なお、この問題では、板を裏返さないでシルエットを作ることができます。

石塔《せきとう》

台形（こしいた）

13 解答

シルエットパズルは、多くの場合いくつもの解答があります。ここでは、その1つだけをあげますが、ぜひ皆さんは別解をたくさん作ってみてください。

石塔

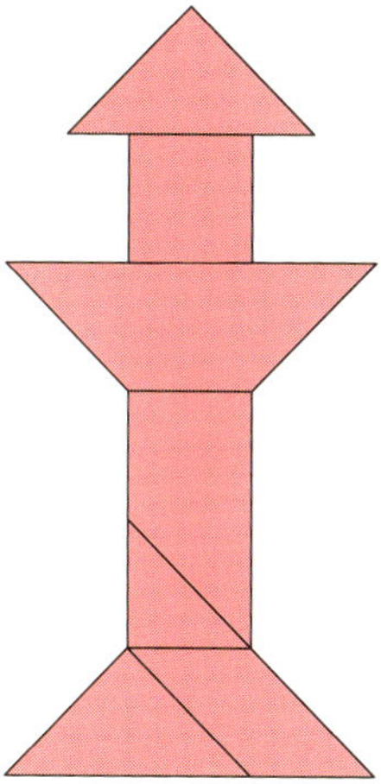

台形（こしいた）

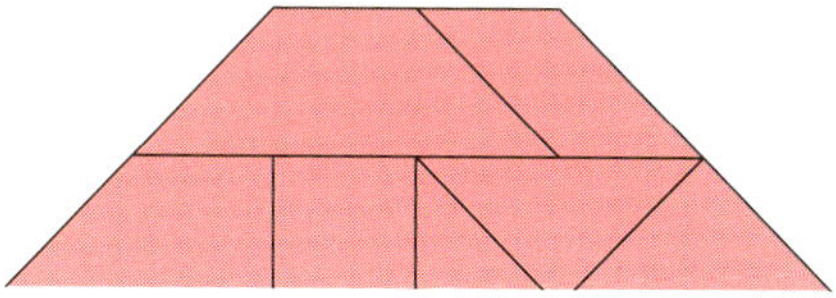

初級問題は歯ごたえがなかったという方がいらっしゃるかもしれません。では、ちょっとレベルアップして、次の問題にチャレンジしましょう。

14 智恵の板で次のシルエットを作りなさい〈上級編〉。

今度の問題も、どの形も板を裏返ししなくともできます。このうちのコンパスとホッチキスは私の研究室のスタッフが作ったものですが、すでに誰かが作っていて、発表済みの可能性もあります。すべての作品をチェックすることは不可能なので、その際はご容赦《ようしゃ》ください。

また、L字型のものは1742（寛保２）年の本『清少納言智恵の板』に、曲尺《かねじゃく》（大工さんが使っている便利な道具です）として記載されていましたが、現在の皆さんには、Lのほうがわかりやすいでしょう。

「さる」も『清少納言智恵の板』にあったものです。

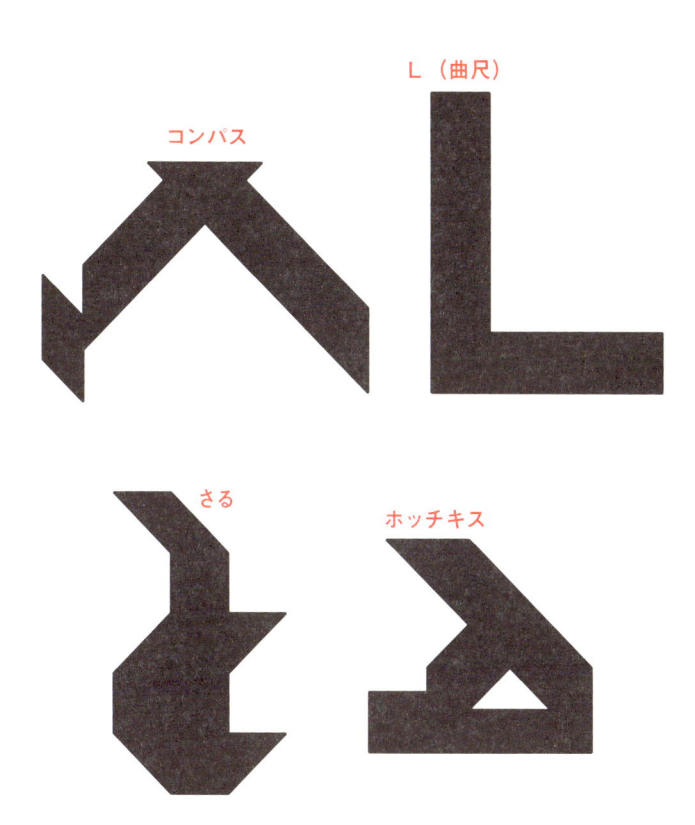

コンパス

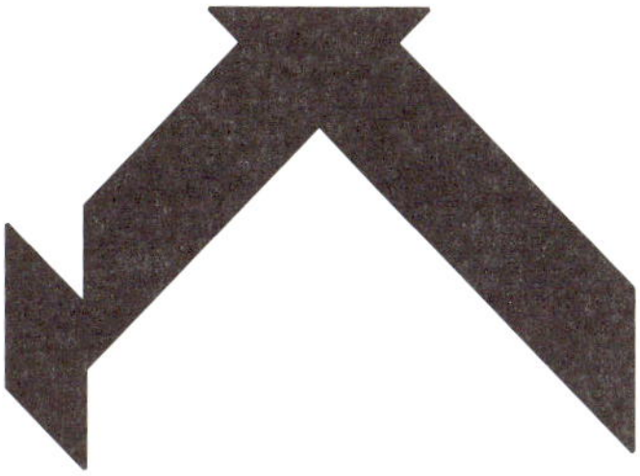

L（曲尺）

さる

ホッチキス

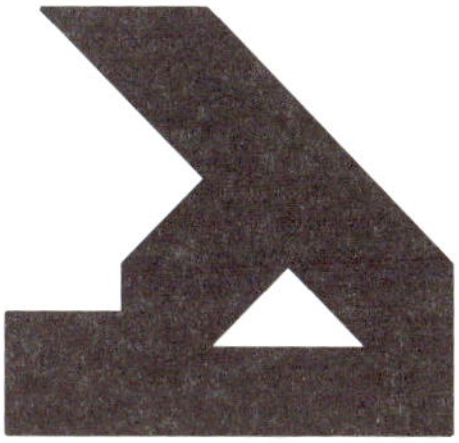

14 解答

並べ方は次ページの通りです。

この問題の「さる」については、「なんでこれが猿《さる》なのか」という疑問をもたれた方もいらっしゃるでしょう。この上のほうの平行四辺形の部分は烏帽子《えぼし》です。よく、曲芸の猿がかぶっている帽子《ぼうし》ですね。それから、２つの三角形の部分が手と足になるのでしょう。

「釘貫」もそうでしたが、古い文献に載っている形ですから、わかりにくいかもしれません。でも、あえて、新しい名前をつけませんでした。昔の庶民が楽しんでいた頭脳ゲームで遊ぶのは、なにか楽しくなりませんか。

コンパス

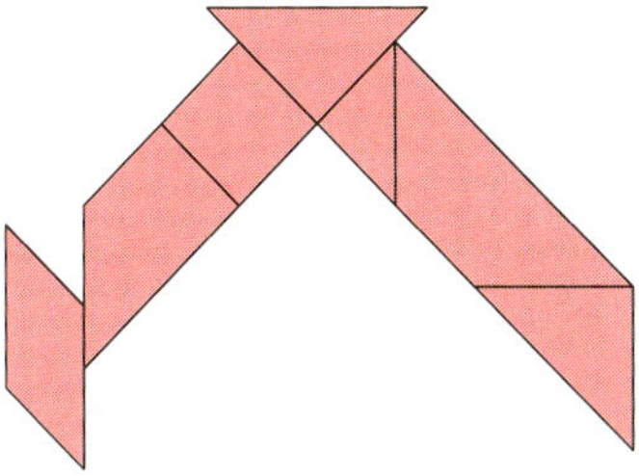

L（曲尺）

さる

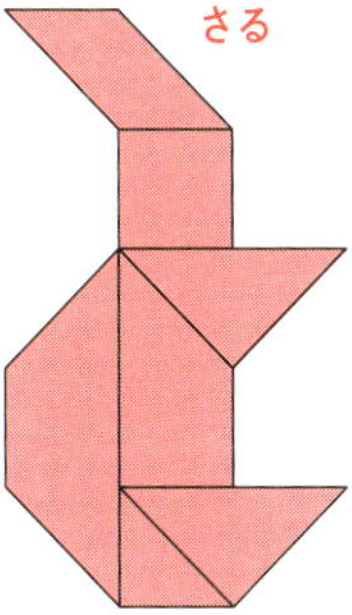

ホッチキス

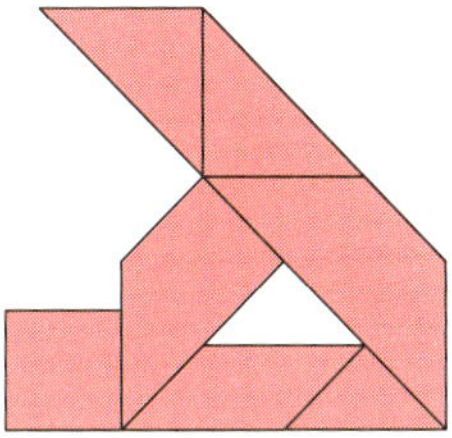

タングラムについては昔からいくつもの問題集が出ていますので、詳しくはそちらに譲ります。ここでは、次の２つの問題を考えてもらいます。

15　タングラムで次のシルエットを作りなさい。

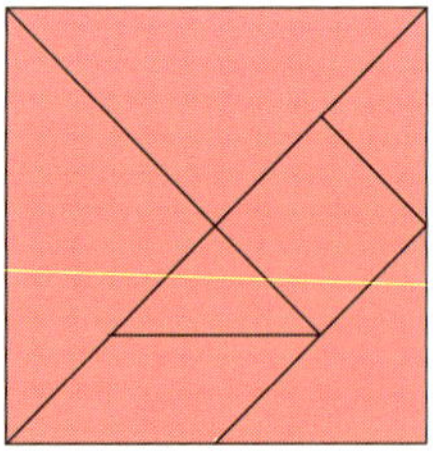

タングラム

この問題を解くとき、あるいは解いたあとで、次の２つのことも考えてください。

① すべりだいは智恵の板ではできないことを確かめてください。
② パラドックスと上のタングラムの図を比べてください。何か気がつくことはありませんか。

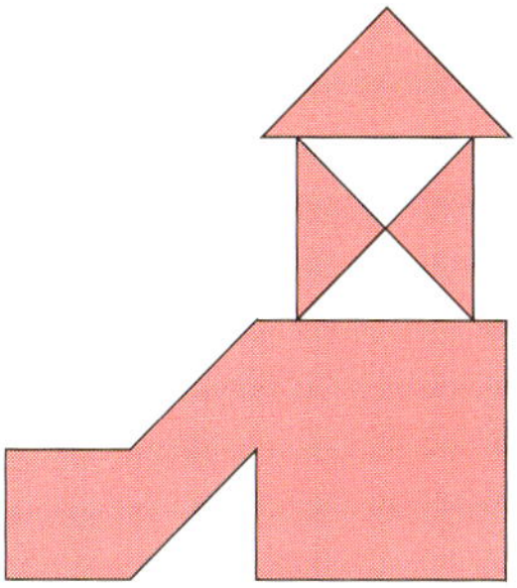

すべりだい

パラドックス

＊すべりだいは、パナソニックセンター東京リスーピア『ビッグタングラム』（ワニブックス）より

15 解答

入れ方は下記の通りです。

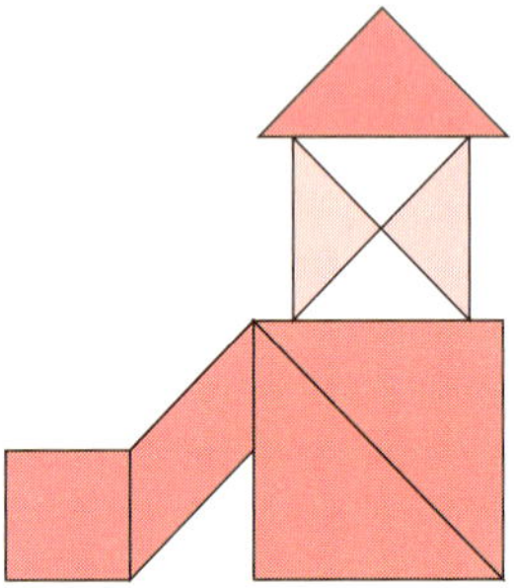

すべりだい

すべりだいは、そんなに難しくはなかったでしょう。小さな三角形2つの場所は、すぐ決まります。その場所を薄い色にしてあります。ここには、ほかの形は入ることができません。また、屋根に対応する場所は、真ん中の大きさの三角形ですね。また、一番大きい三角形も使える場所がこの解答図の場所しかありません。こうして7枚がすべて決まります。

このシルエットはやさしいですが、智恵の板ではできません。なぜなら、智恵の板は、薄い色の部分を作ることができないからです。

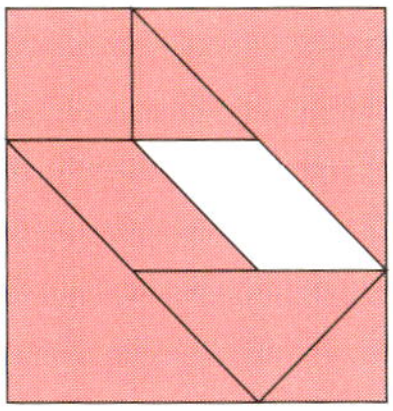

パラドックス１

パラドックス２

パラドックスはなかなか手がかりがつかめないかもしれません。こういう場合、大きい三角形の入れ方から考えていきます。

まず、大きい三角形を２つ入れるためには、離れた位置になければならないというのは、問題12の釘貫のときと同じです。そうすると、右上と左下に入れることになります（下図）。次に正方形と、残りの三角形のうち大きいほうをどう入れるか考えていくと、

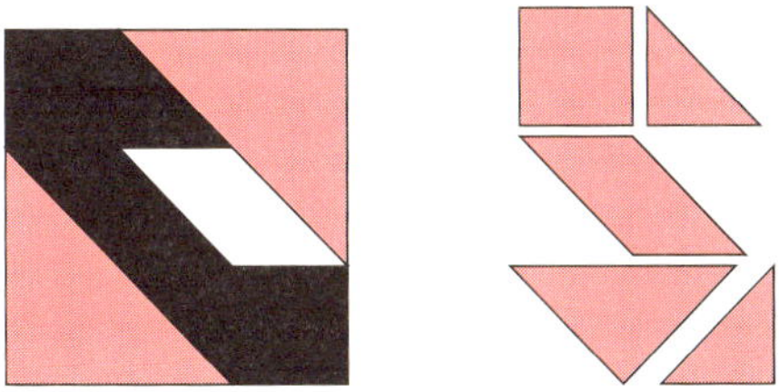

必然的に、パラドックス１とパラドックス２が出てきます。

パラドックス１とパラドックス２が同じ入れ方ではないこと（パラドックス１を回転してもパラドックス２にならないこと）は、次ページ図のようにパラドックス２の平行四辺形を横にずらして、180°回転させるとパラドックス１になることからわかります。

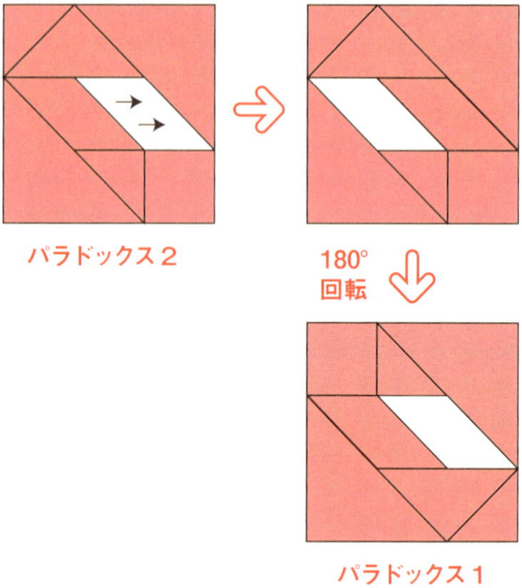

また、タングラムを並べ直すとパラドックスができるのですから、タングラムとパラドックスは同じ面積です。ところが、一見すると、両方の正方形は同じくらいの大きさで、パラドックスには大きな穴があります。これは、まさにパラドックスです（それで、「パラドックス」という名をつけました）。

でも、タングラムの正方形とパラドックスを並べて比べると、その理由が明確になります。

明らかに、パラドックスの正方形のほうが大きいのです。実際は、７つのかけらの中の小さな正方形の１辺の長さを１cmとすると、パラドックスの正方形の１辺の長さは３cmで、タングラムの正方形の１辺の長さは約2.83cm（$2\sqrt{2}$cm）です。

並べて比べると

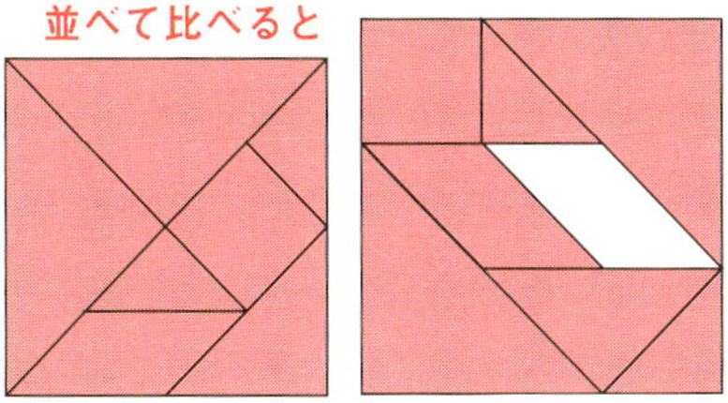

問題で出したときは、この2つを離しておいたので、大きさの比較がひと目でできなかったのですね。

タングラムや智恵の板、あるいは次に出てくるラッキーパズルは直線図形だけでできています。しかし、ハートパズルは、曲線を含んでいるので、かなり様相が異なってきます。

16 ハートパズルで次のシルエットを作りなさい。

ハートパズル

曲線があることで、シルエットの形が直線だけではない多様性が出てきます。一方、曲線と曲線をくっつけることができないので、組み合わせが限られるところもあります。

最大の弱点は、曲線の部分に曲線を含むかけらがくることになりますから、それだけで難易度が下がってしまいます。でも、この弱点のおかげで、初心者には、とっつきやすいといえるかもしれません。

さて、それでは、その曲線を利用した問題をいくつか解いてみましょう。

アシカの芸

アルコールランプ

ベータ（β）

ホッチキス

16 解答

次のページのようになります。

ホッチキス以外は、曲線が大きな意味をもつシルエットばかりを集めてあります。なお、ホッチキスは、智恵の板にもありました。曲線が入ることでできる、ちょっと変わったシルエットをぜひ鑑賞してください。

アシカの芸

アルコールランプ

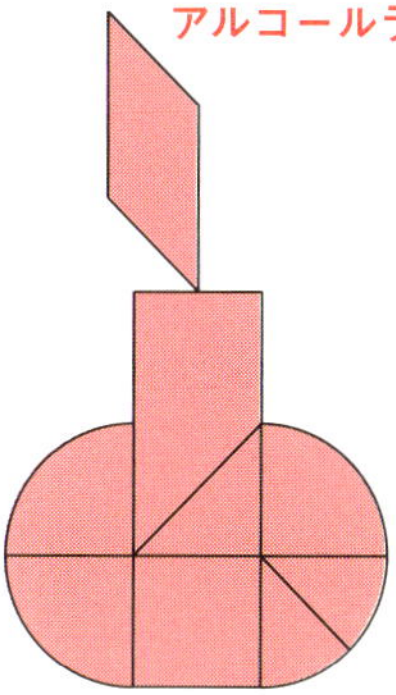

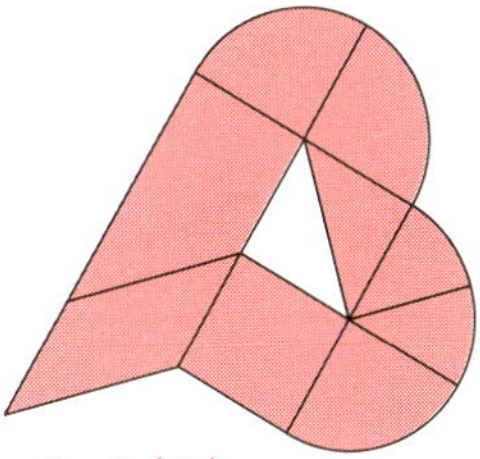

ベータ（β）

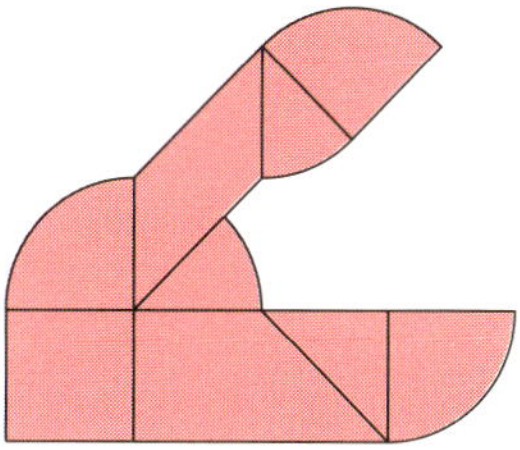

ホッチキス

次のラッキーパズルは、私が少年時代、一家に1個は必ずあるというくらい、大ヒットしました。もちろん私も、家族で(12人!)ラッキーパズルを囲んで、「これはこうだ」「いや、違うだろう」などと団らん(というよりはケンカ)した経験があります。

17 ラッキーパズルで次のシルエットを作りなさい。

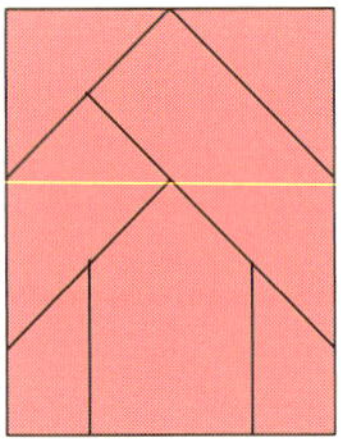

ラッキーパズル

このパズルは1935年に花山ゲーム研究所(現ハナヤマ)が発売したのが最初だといわれています。ピラミッドの壁画だとか、ヨーロッパの十字パズルが起源などといわれることもありますが、いずれもその古さをアピールしたいのでしょう。しかしこのパズルは、おもしろさゆえに、古さをアピールする必要はまったくありません。

このパズルは、まだまだ発展途上なので、ここでは、代表的な２つをあげておきます。そのうちの１つは、十字パズルの説に関連するものです。確かに、このシルエットは、単純なのに、かなりの難物です。

いかり

十字

17 解答

十字の解答を最初に知ったとき、「ヤラレタ」と思わず口にしてしまいました。２つの台形を斜めに交差させることなど、あのシルエットからは思いつきそうもありません。この十字の問題があるだけで、このパズルが「日本の代表的なシルエットパズル」といえることがわかります。

このパズルは、７つのうち４つが台形で、１つが五角形で、正方形が１個もありません。このような非対称な形を主体にしていながら、対称な形がたくさん出てくるのです。その意外性が興味をかきたてます。

そして、さまざまなシルエットができるおもしろさが半端ではありません。

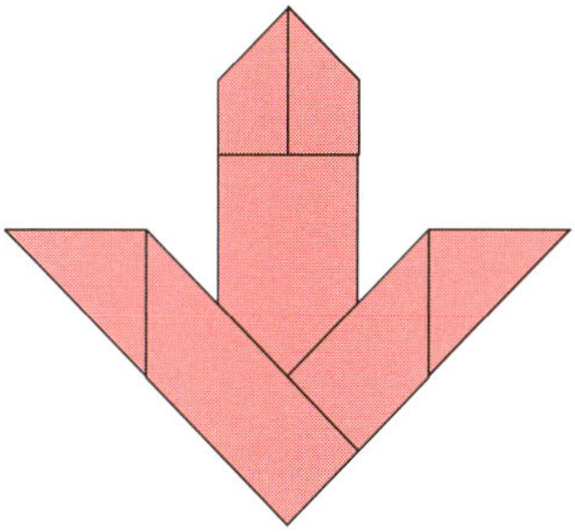

いかり

十字

第　3　章

「直観的理解・納得」のトレーニング

ピタゴラスの定理

小平流「納得」のすすめ

教科書の数学の言葉は、学習指導要領で用語変更が行われると、それにしたがって変えないと検定を通らないので、いっせいに変わります。

変更された用語の1つである「三平方《さんへいほう》の定理」についても、いろんな意見がありました。「三平方の定理っていったい何のことだ？」と思った方もいらっしゃるでしょう。実はピタゴラスの定理の日本名です。でも、この名前は昔から用いていたものですし、その実体を明確に示しているので、私はこの用語は嫌いではありません。ピタゴラスと三平方を併記すればよいと考えています。

以前、教科の時間の大幅な削減が発表された歴史的な日に、ある教課審委員がインタビューで次のように答えていました（「朝日新聞」1998年6月23日）。

分数の割り算を「逆数をかける」と教えることに対して、「『納得できなくともそういうものなんだ』という教え方。だから、つまらない（中略）「円すい」などの**体積の内容は、実は高校で勉強する積分を使わないと、理解できない**。質問すれば、『円柱の体積の３分の１』と答えが返ってくるが、公式を信じ込ませているだけ。数学は宗教でない。重要なことをみんなが納得できるまで教えよう（赤字強調は著者による）」と。

この文面から察するに、彼の「納得」は証明を意味しています（時間数を削減しながら「納得するまで」というのも無茶ですが）。これでは、数学教育が崩壊してしまいます。そもそも、小学校で学ぶ円周率＝3.14だって、そこで証明なんかできっこないのですから。

一方、分数の割り算に関しては、日本を代表する数学者だった小《こ》平《だいら》邦《くに》彦《ひこ》先生（フィールズ賞受賞者）が、著書『数学の学び方』（岩波書店）に次のように書いています。

「分数で割るときには分子と分母を入れ換えて掛ければよい、という規則だけを習い、あとは計算練習を繰り返しているうちにその意味は何となくわかってきたと記憶している」

さらに、「意味がわかった、というのは理由を説明できるようになったということではなく、分数の計算とその応用が自由自在にできるようになったという意味である（赤字強調は著者による）」とも補足しています。

数学の中には、円周率を含め、その場では説明が難しいものもありますが、使いこなしていくほうがわかることにつながる場合も多いのです。

この本では、小平流でピタゴラスの定理を進めます。この定理こそ、直観的に納得して結果を使いこなすことで数学のおもしろさを味わえる典型例ですから。

では、ピタゴラスの定理を小平流に直観的理解するための問題です。

18 アとイのかけらを移動して、ウを完成させなさい。

直角三角形の、3辺のそれぞれを1辺とする正方形を描きます。その3つの正方形の中の真ん中の大きさの正方形（イ）を、図のように2つの直線で4分割します。分かれたかけらのそれぞれに②〜⑤と番号をつけ、それらと一番小さい正方形①を、一番大きい正方形の区画の中にはめ込んでください。なお、裏返しや回転はしてはいけません。

この問題は、イが最初から切ってありますし、ウの入れものにも形が描いてありますから容易ですね。

問題を解いたら、このことから何がわかるかも、考えてみてください。

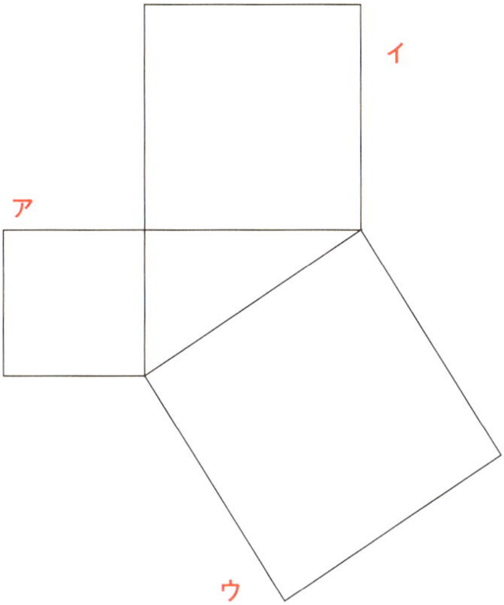
イ
ア
ウ

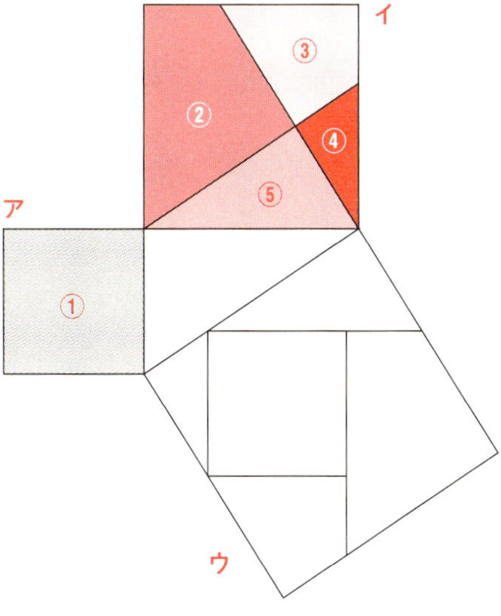
イ
③
②
④
ア
⑤
①
ウ

18 解答

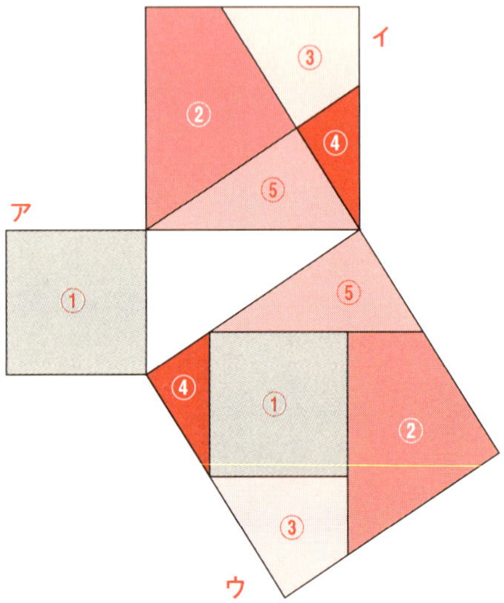

どうでしたか、簡単でしたね。

この答えから、この直角三角形のそれぞれの辺を１辺とする正方形の面積に関して、ア＋イ＝ウが成り立つことがわかります。

これから少しずつ問題が難しくなります。でも、この問題が基本です。問題が難しく感じるときには、このページに戻って、どうだったか確かめても結構です。直角三角形の斜めの向きが違ったり、辺の長さが微妙に変わっているかもしれませんが、同じ切り方、並べ方でうまくいくはずです。

第3章

次のステップです。問題18から、少しヒントを減らした次の問題を考えてみてください。

19 アとイのかけらを移動して、ウを完成させなさい。

やはり直角三角形の3辺のそれぞれを1辺とする正方形を描きます。その3つの正方形の中の真ん中の大きさの正方形（イ）を図のように2つの直線で4分割します。分かれたかけらのそれぞれに②～⑤と番号をつけ、それらと一番小さい正方形①を、一番大きい正方形の中にキッチリはめ込んでください。

図形の回転や裏返しをしてはいけません。

入れ方を考えるとき、ウの4つの角に来るのはどのかけらでしょうか？　角は90°で、回転できないのですから、同じ向きの90°の角をもつかけらを探さなければなりませんね。

今度はウを区切っていませんから、わかりにくかったら、さっきの問題の解答に戻って、図を眺めてもかまいません。

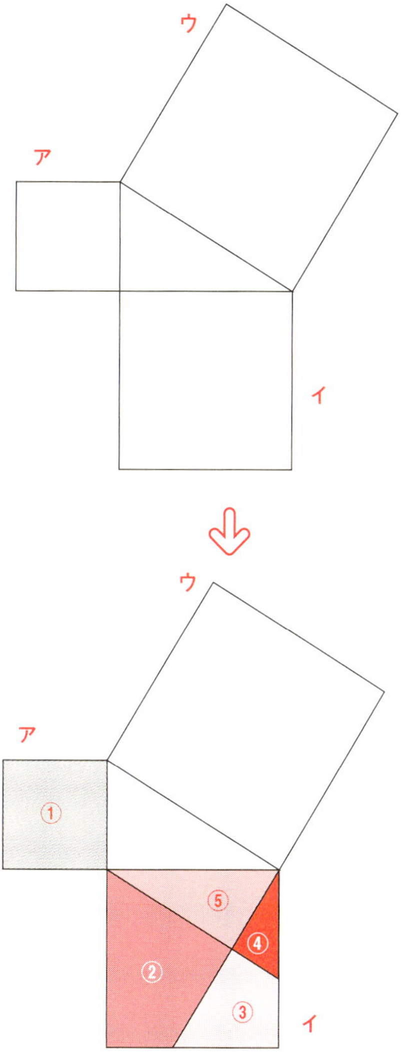
ウ
ア
イ
ウ
ア
①
⑤
④
②
③
イ

19 解答

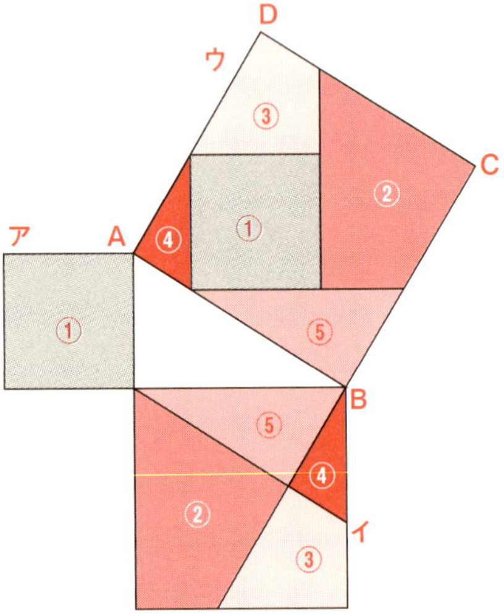

条件の「回転と裏返しができない」を考慮すると、ウの頂点Aに平行移動だけでもっていける90°の角をもつかけらは、④しかありません。同様に考えると、頂点Bのところには⑤、頂点Cのところには②、頂点Dのところには③が行かねばなりません。

こうして、上の図のようになります。

この問題では「回転と裏返しができない」というのが、大きなヒントになっています。

だいたい、問題の中にそれとなくヒントを隠しておくのが、出題者の楽しみの1つです。

このことは、入試や就職試験でもいえることです。試験で問題をロクロク読まずに計算を始めるのは、最悪以外のなにものでもありません。

いよいよ、ピタゴラスの定理を納得するための仕上げの問題にいきます。

20 アとイのかけらを移動して、ウを完成させなさい。

やはり直角三角形の３辺のそれぞれを１辺とする正方形を描きます。その３つの正方形の中の真ん中の大きさの正方形（イ）を２つの直線で４分割します。分かれたかけらのそれぞれに②〜⑤と番号をつけ、それらと一番小さい正方形を①とし、一番大きい正方形の中にキッチリはめ込んでください。

この三角形はやけに細長いし、イの分割線もありません。もし、どうにも手がつけられなければ、こっそり前問の分割線を観察してください。

どんな直角三角形とその辺にくっついた正方形でも、自分で分割線を引いてから分割してウにキッチリはめ込めれば、もう、ピタゴラスの定理がいつでも成り立ちそうだということがわかるでしょう。小平先生のいう「納得する」の意味は、これだと思うのです。

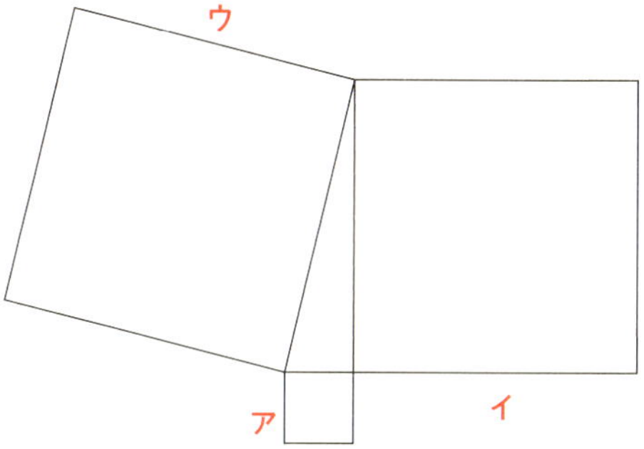

ヒント 前問の分割線はどうなっていたでしょうか。

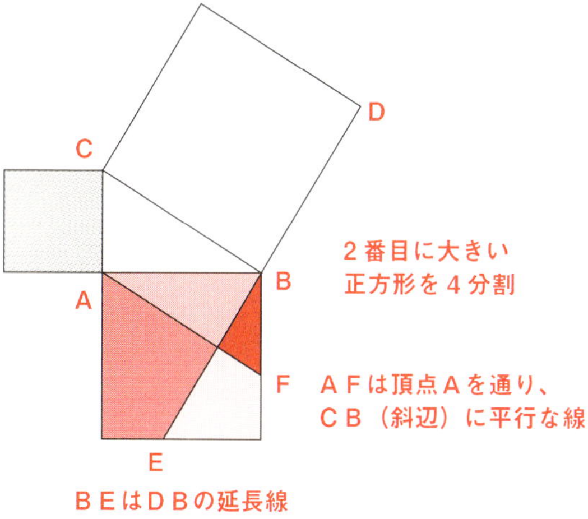

20 解答

まず、イを分割します。AFは、三角形の斜辺と平行な線を、三角形の直角と接する正方形の角から引いたものです。そして、BEはウの正方形の1辺を延長しただけです。このAFとBEが垂直に交わることはBCとBEが垂直に交わることから出てきます。

イは図のように分割

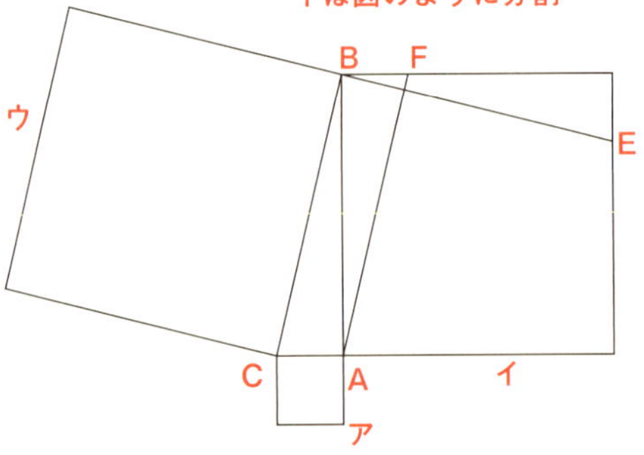

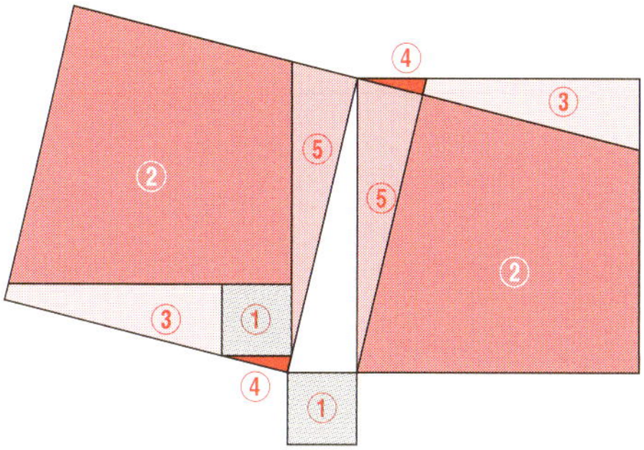

この納得を自分の血肉とするためにも、ぜひ今やったのと同じ問題をいくつか作って解いてください。作り方は簡単です。自分で適当な直角三角形を描いてから、その３辺に正方形をくっつけるだけですから。

これを「証明」と思っていらっしゃる方がいますが、それは違います。「ほとんど証明」ですが、本当の証明のためには、「三角形の合同条件」等を用いて、分割した図形がキチンとウにはめ込まれることを示さなければなりません（その理由もあとで示します）。

でも、完全な証明でなくとも（小平先生の意味で）納得できればよいのです。

リスーピアで、ピタゴラスの定理を含むiPadアプリの問題を作ったことがあります。これは、いろいろな意味で勉強になりました。それで作ったものの1つが、この問題です。

21 アとイのかけらを移動して、ウを完成させなさい。

数学教育の側面からいうと、「自分で分割線を引くこと」が生命線みたいなものです。自分で分割できれば、どんな直角三角形でも可能ということが出てくるからです。ところが「分割する作業」をアプリに入れるのはコストの面からかあっさり拒否されました。

また、数学者から見ると、分割の仕方は簡単なもののほうが覚えやすく、証明にもすぐつながるので、これまでに紹介した「平行移動だけ」の問題は理想的といえます。

ところが、ゲームメーカーの方々は、それでは「簡単すぎておもしろくない」というのですね。そこで、やむを得ずこの問題を出しました。

やはり直角三角形の3辺のそれぞれを1辺とする正方形を描きます。その3つの正方形のうち、小さいほう2つをそれぞれ4つに分けます。分かれた8つのかけらを一番大きい正方形の中にキッチリはめ込んでください。この問題では、回転を認めます。

この問題を解ければ、自慢してもよい

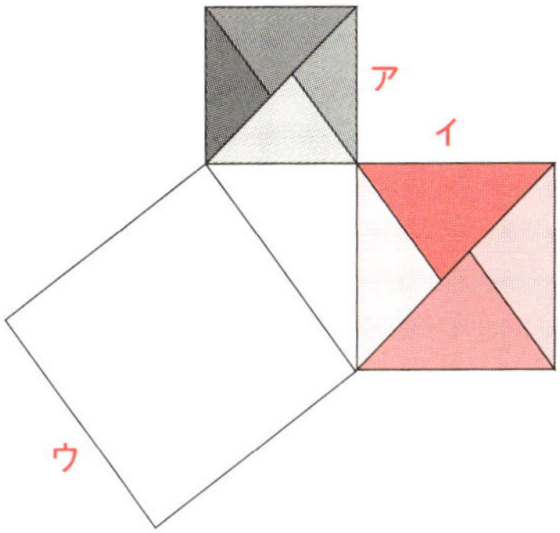

まず、分割線をどう引いたか説明しましょう。

各正方形のウと接している頂点から対角線を引く。さらに、対角線の通らない頂点から、三角形の斜線と平行な線を引く。

ア、イそれぞれの正方形の中の三角形には、合同なものが２組ずつあって、またさらに相似《そうじ》の組で組み合わせることができます。つまり、大小を無視すれば２つの形に分割されます。

そういうわけで、同じような形が大小４個ずつあるので、いろいろな入れ方があります。次ページからの解答は、その１つの例です。

21 解答

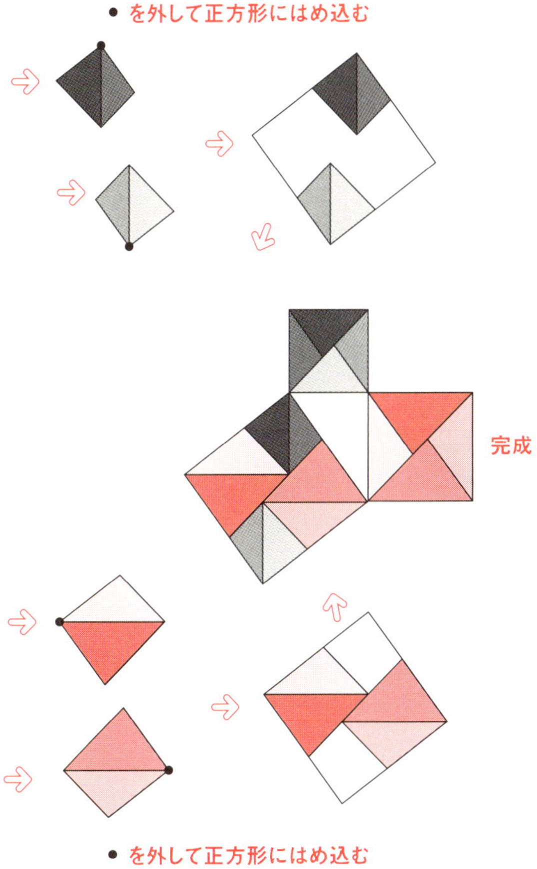
● を外して正方形にはめ込む
完成
● を外して正方形にはめ込む

ピタゴラスの定理を発見したのは？

「ピタゴラスの定理はピタゴラス（古代ギリシアの哲学者、数学者）によって発見された」と信じている方も多くいらっしゃるようですが、それは間違いです。

まず、ピタゴラスその人の存在にも疑問が出されています。でも、「ピタゴラス学派」という集団がさまざまな結果を出していたことは確かです。そのピタゴラス学派は紀元前550年ごろに活躍していましたが、そのはるか前の紀元前1800年ごろのバビロニアの粘土板にピタゴラス数に関する詳細な記述があったといわれています。

ピタゴラス数とは、直角三角形の3辺の長さの組み合わせです。次ページの図の三角形の辺の長さをそれぞれa、b、cとすると、ピタゴラスの定理によって、次の式が成り立ちます。

アの面積＋イの面積＝ウの面積

これから、ただちに、ピタゴラス数は$a^2+b^2=c^2$の式をみたす（a, b, c）の組み合わせとわかります。

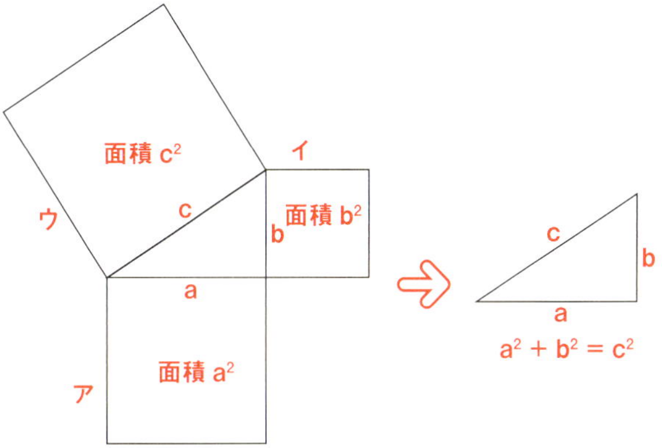

与えられた数の組み合わせがピタゴラス数かどうかは簡単にわかります。一番大きい数をcとして、$a^2+b^2=c^2$となっているかどうかを確かめるだけです。

問題21で出てきた「ピタゴラス数」について理解するために、さっそくこの問題を解いてみましょう。

22 次のそれぞれの組み合わせはピタゴラス数か？

㋐ (109, 91, 60)

㋑ (121, 95, 62)

ヒント　a^2とb^2とc^2を計算して、$a^2+b^2=\cdots$と計算するなら、私は絶対間違えます。

このヒントから、「a^2とb^2とc^2を計算して正面突破する方法以外の道がありそうだ」と気づいてくれれば、もう私の優秀な教え子です。

そうです、普通の中学校では、ピタゴラスの定理は3年の最後に勉強しますが、その同じ学年の1学期に因数分解のもっとも簡単な例を習っているのです。それは、次の形です。

$$a^2-b^2=(a+b)(a-b)$$

ここで、これを使わないから、「因数分解は役に立たない」という学生が出てくるのです。

数学教育の大御所である故・茂《も》木《ぎ》勇《いさむ》先生は、知識が点々としてつながりがない状態のことを「ウサギのウンコ」とおっしゃっていました。

ウンコはともかくとして、計算してみましょう。

22 解答

㋐は次のように計算します。

$$\begin{aligned}109^2-91^2&=(109+91)(109-91)\\&=200\times18\\&=2\times100\times2\times9\\&=2\times2\times9\times100\\&=2^2\times3^2\times10^2=60^2\end{aligned}$$

これは、$c^2-a^2=b^2$となるので、ピタゴラス数の組み合わせです。

㋑は次のように計算します。

$$\begin{aligned}121^2-95^2&=(121+95)(121-95)\\&=216\times26\\&=8\times27\times2\times13\end{aligned}$$

一方、$62\times62=2\times31\times2\times31$は13の倍数ではありません。よって、$121^2-95^2$は$62^2$とはならず、ピタゴラス数ではないことがわかります。

このように、ちょっと頭を使えば、面倒な計算から逃れることもできるのです。

話をピタゴラスに戻すと、ピタゴラス学派の最大の業績は、この性質から考えてもいなかった数である無《む》理《り》数《すう》を発見したことです。そのことに愕然《がくぜん》として、これを封印したそうです。

この章の最初に「直観的に納得して、使いこなしたほうがおもしろい」といいました。ここまでで納得したとして、応用を紹介しましょう。先日テレビ局から、ある質問が来ました。それが、この問題です。

23 東京スカイツリーから見える距離を求めなさい。

スカイツリーの展望台（高さ450m）から海のほうに向かって、どれくらいの距離が望めるでしょうか？　もやなどがなく、視界良好の場合です。

この問題の図を描いてみましょう。

地球の半径は6357km（極半径）～6378km（赤道半径）ですが、ここでは仮に間をとって6367kmとしておきましょう。

また、スカイツリーの建っている場所は海抜3mですが、おおよその値を計算するので、スカイツリーの展望台の高さを450mとして計算してよいでしょう。

求めたいのは図のxです。このxはおおよその値で結構です。もちろん、計算には電卓を使ってもかまいませんが、電卓がないときはどうするか考えると、さらに数学的思考力がアップします。

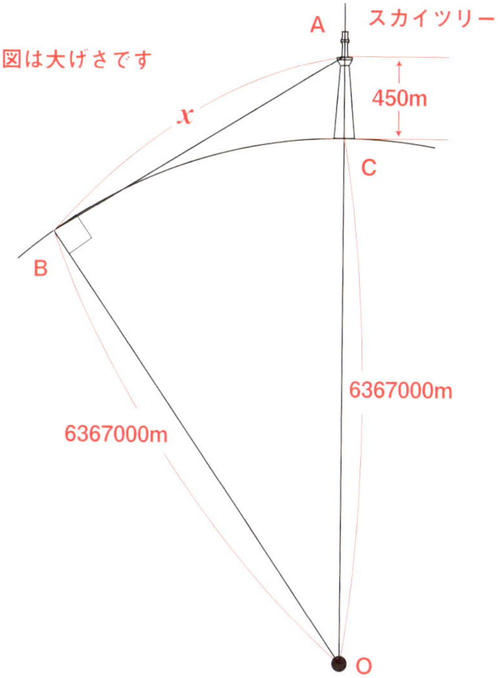
図は大げさです
A
スカイツリー
450m
x
C
B
6367000m
6367000m
O

23 解答

$$x^2 = (6367000 + 450)^2 - 6367000^2$$
$$= \{(6367000 + 450) - 6367000\}\{(6367000 + 450) + 6367000\}$$
$$= 450 \times 12734450$$
$$= 50 \times 9 \times 50 \times 254689$$
$$\fallingdotseq 50 \times 9 \times 50 \times 9 \times 28299$$

（$9 \times 28299 = 254691$ でかなり近い！）

よって $x \fallingdotseq 450 \times \sqrt{28299}$

ここで電卓を用いて、√と掛け算を計算します。

$\sqrt{28299} = 168.223\cdots$ ですが、どうせ概算ですから160で切って、計算して、72000mすなわち $x = 72\text{km}$ が求める答えです。

この計算はあくまでも概算ですから、半径もあまりこだわりませんでしたし、254689を254691として、9をくくり出して√の中を計算しやすい数にしてしまいました。

さらに、次のように近似を重ねていくこともできます（一般には誤差が増えますが）。

$$\sqrt{28299} \fallingdotseq \sqrt{28296}$$
$$= \sqrt{9 \times 3144}$$
$$= \sqrt{3^2 \times 2^2 \times 786}$$

$$\fallingdotseq\sqrt{3^2\times2^2\times783}$$

$$=\sqrt{3^2\times2^2\times3^2\times87}$$

$$\fallingdotseq\sqrt{3^2\times2^2\times3^2\times88}$$

$$=\sqrt{3^2\times2^2\times3^2\times2^2\times22}$$

$$\fallingdotseq\sqrt{3^2\times2^2\times3^2\times2^2\times20}$$

$$=\sqrt{3^2\times2^2\times3^2\times2^2\times2^2\times5}$$

$$=3\times2\times3\times2\times2\times\sqrt{5}$$

$$=72\times\sqrt{5}$$

$$\fallingdotseq161$$

最後の$\sqrt{5}$も、よく知っている$\sqrt{\ }$の値になります。つまり、$\sqrt{5}\fallingdotseq2.236$（富《ふ》士《じ》山麓《さんろく》オウム鳴く）の計算で約161と出ます。

そして、この結果は電卓で求めた168.223…とあまり違いません。

では、もう1つ、ピタゴラスの定理を応用した、どこにでもありそうな問題です。

24 新幹線が迂回する距離を求めなさい。

A市を新幹線が通ることになりました。でも、所要時間と建設費の関係で、線路を直線（図の色つきの線）にするということで、A市の中心部にあったA駅とは別の新A駅を作ることになりました。

これでは、在来線の乗り換えにも不便だというので、住民は不満です。今のA駅に新幹線を迂《う》回《かい》させるのは、そんなに距離が長くなるものでしょうか。

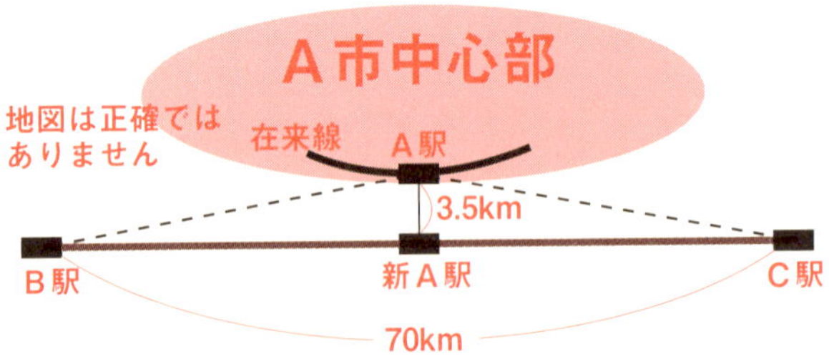

ただし、A駅と新A駅の距離は3.5kmで、A駅は、両隣のB駅とC駅のほぼ中間にあり、B駅とC駅の距離は70kmとします。

必要なら、電卓を用いてもかまいません。

ヒント　（C駅とA駅との距離）と（C駅と新A駅との距離）の差を求めれば、その２倍が全体の差になります。また、A駅、C駅、新A駅の３点を結ぶ三角形は直角三角形と考えられます。

24 解答

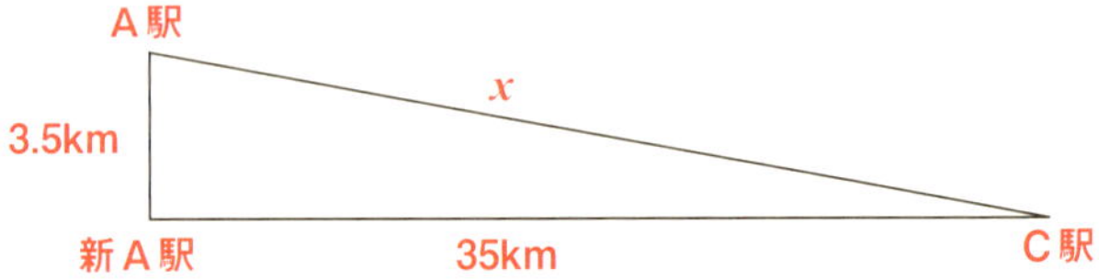

（以後、A駅、B駅、C駅、新A駅をA、B、C、A′と書く）

$CA^2 = CA'^2 + AA'^2$　をみたしますから、

$x^2 = 35^2 + 3.5^2 = 3.5^2 \times (10^2 + 1^2) = 3.5^2 \times 101$

よって、$x = 3.5 \times \sqrt{101}$

$\sqrt{101}$は約10ということは、想像されたでしょう。実際、電卓で計算してみると、

$\sqrt{101} = 10.0498\cdots \fallingdotseq 10.05$

ですから、

$x = 3.5 \times \sqrt{101} \fallingdotseq 3.5 \times 10.05 = 35.175$

よって、$x - 35 \fallingdotseq 0.175$

ですから、xは35kmより、0.175km、つまり、175mだけ長いことになります。これに加えてBA区間の長さがありますか

ら、全体で350m長くなります。

思ったより、たいして長くはありませんね。

実は、この3.5kmは横浜駅と新横浜駅の距離です（隣駅は小田原駅と品川駅で、その両駅の距離は約70kmです）。このような都市の駅では、線路の長さのほかに、土地の問題などがありますから、一概にはいえません。

しかし、このような思い込みで、ある有力な地方都市を新幹線が通らなかった例もあります。こういう問題ではピタゴラスの定理が大きな説得材料になります。知識は大きな力になるのです。

第1章に出てきた算額《さんがく》の問題をピタゴラスの定理で解いてみましょう。実は、江戸時代の算額に登場する多くの和算家たちは、これらの問題をピタゴラスの定理を使って解いていたようです。

25 図①の円の半径をピタゴラスの定理を使って求めなさい。

1辺が4cmの正方形の中に、図のように5つの同じ大きさの円が入っています。このときの円の半径xを求めなさい。

ヒント 正方形の対角線の長さは、辺の長さの$\sqrt{2}$倍です。このことをもとに、xのみたす式を作っていきましょう。

①

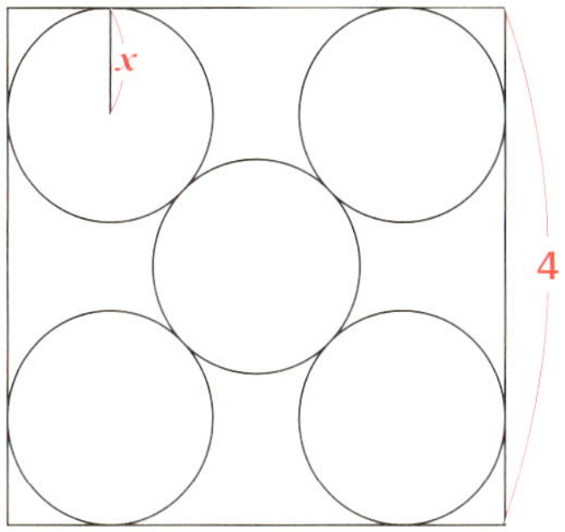

単位はcm

25 解答

①

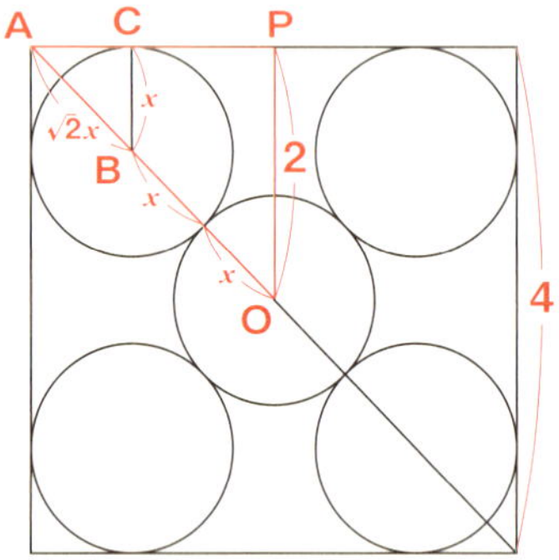

図のようにいくつか補助線を引き、点に記号を図のようにつけておきます。特に正方形の中心をOとします。このとき、OP＝2です。

円の半径をxとおいたので、図のBC＝xとなります。

線分BAは線分BCを1辺とする正方形の対角線と考えられるので、BA＝$\sqrt{2}x$です。

また、線分OAは線分OPを1辺とする正方形の対角線と考えられるので、OA＝$2\sqrt{2}$となります。

そこでOAをxを用いて表すと、

$$\sqrt{2}x+x+x=\mathrm{OA}=2\sqrt{2}$$

ゆえに、この式を整理して、

$(\sqrt{2}+1+1)x=2\sqrt{2}$

$(\sqrt{2}+2)x=2\sqrt{2}$

よって、$x=\dfrac{2\sqrt{2}}{\sqrt{2}+2}$ となり、さらに右辺の分母分子に$(2-\sqrt{2})$をかけて次のように変形できます。

$$x=\frac{2\sqrt{2}(2-\sqrt{2})}{2}$$

$$=\sqrt{2}(2-\sqrt{2})$$

$$=2\sqrt{2}-2$$

$$\fallingdotseq 2\times 1.414-2$$

$$=0.828$$

答え　0.828cm

第3章

次は、第１章の②の図形も同じ条件で計算してみましょう。

26 図②の円の半径をピタゴラスの定理を使って求めなさい。

問題25と同じく、正方形の１辺を４cmとします。図のように４つの同じ大きさの円が入っています。このときの円の半径yを求めなさい。

着目するところは少しずれますが、この問題も問題25と同じように解くことができます。

②

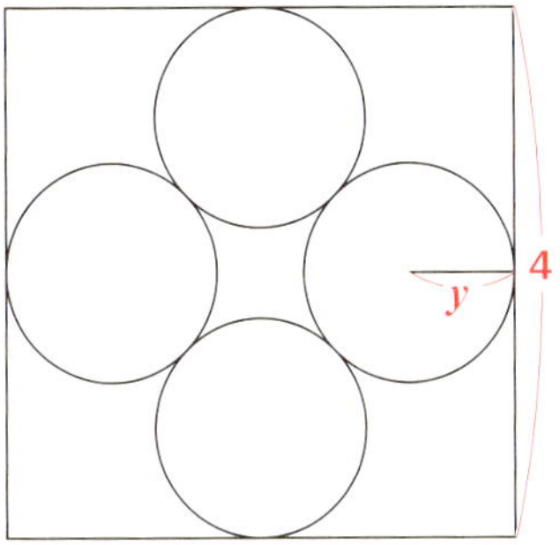

単位はcm

26 解答

②

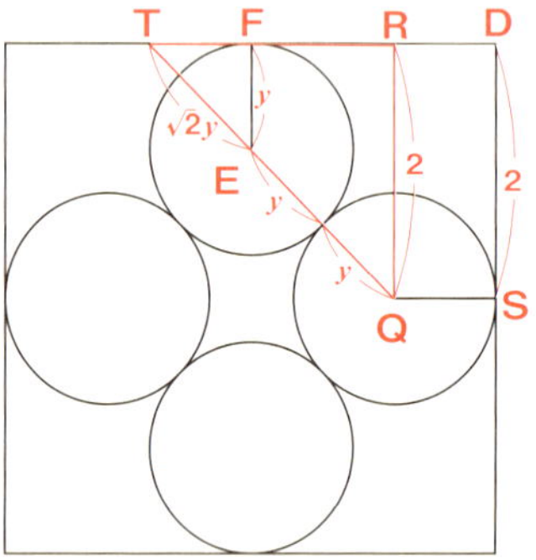

図のようにいくつか補助線を引き、点に記号を図のようにつけておきます。特に右の円の中心をQとします。このとき、QR＝2です。

円の半径をyとおいたので、図のEF＝yとなります。

線分TEは線分EFを1辺とする正方形の対角線と考えられるので、TE＝$\sqrt{2}y$です。

また、線分TQは線分QRを1辺とする正方形の対角線と考えられるので、TQ＝$2\sqrt{2}$となります。

そこでTQをyを用いて表すと、

$\sqrt{2}y+y+y=\text{TQ}=2\sqrt{2}$……①

ゆえに、この式を整理して、

$$(\sqrt{2}+1+1)y=2\sqrt{2}$$

$$(\sqrt{2}+2)y=2\sqrt{2}\cdots\cdots②$$

よって、$y=\dfrac{2\sqrt{2}}{\sqrt{2}+2}$ となり、この式はさらに、右辺の分母分子に$(2-\sqrt{2})$をかけて次のように変形できます。

$$y=\frac{2\sqrt{2}(2-\sqrt{2})}{2}$$

$$=\sqrt{2}(2-\sqrt{2})$$

$$=2\sqrt{2}-2$$

$$\fallingdotseq 2\times 1.414-2$$

$$=0.828$$

答え　0.828cm

この解答を読んでいて、②のあたりのところで、違和感をおぼえた方はすばらしい！　さらに、①のところだともっとすごい!!

実は、この解答は、問題25の解答をコピー＆ペーストして、$x\to y$と変えただけなのですから。こういうときこそ、「以下同様に……」を使えばよいのですね。

ここで、第１章の問題01に戻ります。「前の２つの問題でわかりきっている」などといわずに、最後まで読んでください。

27 図①と②の円の大きさが等しいことを示しなさい。

正方形の１辺の長さは両方とも４cmとします。

すでに、前の２つの問題で、円の半径を求めていたので、もうやる必要はないと思われるかもしれませんが、この問題は、問題25、26とは独立したものだと思ってください。

この形で問題が出たときに、両方とも最後の半径0.828cmまで計算するのは、あまりにばかばかしいですね。それにこの値は、端数の部分を切った（あるいは四捨五入した）ものですから、「両方の半径が0.828cm」といっても、本当は0.8281cmと0.8283cmかもしれない、と気になる人もいるでしょう。

このような比較の問題では、「最後まで計算しなければ」という強迫観念を捨てたほうがはるかに正確な議論ができるのです。

①

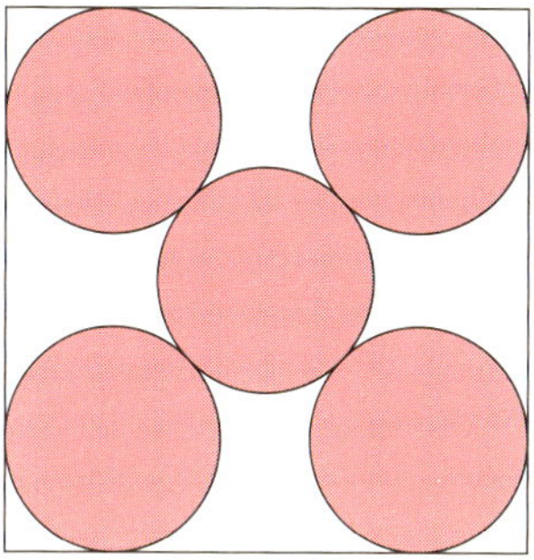

②

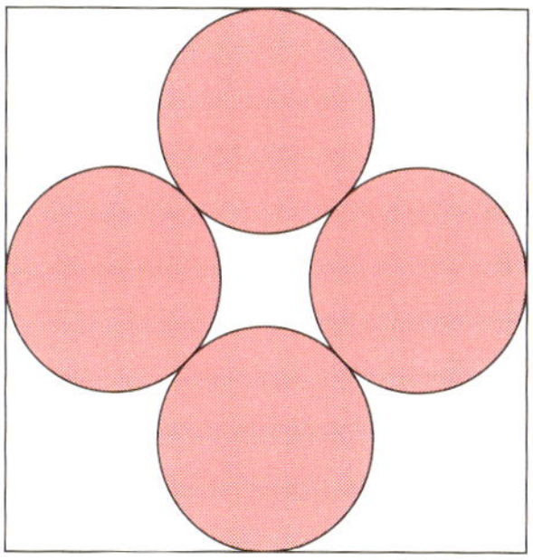

27 解答

①

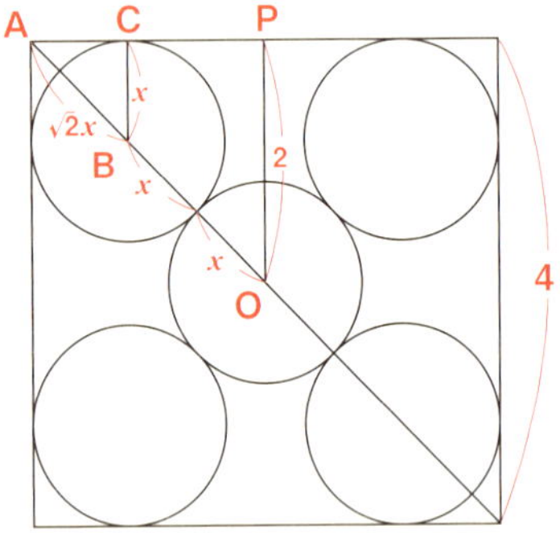

②

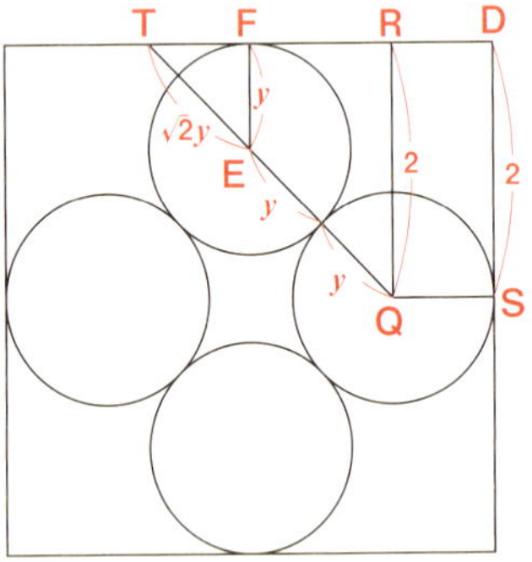

途中までは同じですから、少し飛ばして書きます。

左の①の円の半径を x とおいたので、図の BC ＝ x となります。

BA ＝ $\sqrt{2}x$、また、OA ＝ $2\sqrt{2}$ となります。

OA を x を用いて表すと、

$\sqrt{2}x + x + x =$ OA $= 2\sqrt{2}$

ゆえに、

$(\sqrt{2}+1+1)x = 2\sqrt{2}$ より、$(\sqrt{2}+2)x = 2\sqrt{2}$……㋐

一方、右の②の円の半径を y とおく。図の EF ＝ y なので、

TE ＝ $\sqrt{2}y$、また、TQ ＝ $2\sqrt{2}$ となります。

TQをyを用いて表すと、

$\sqrt{2}y+y+y=\mathrm{TQ}=2\sqrt{2}$

ゆえに、

$(\sqrt{2}+1+1)y=2\sqrt{2}$ より、$(\sqrt{2}+2)y=2\sqrt{2}$……㋑

㋐と㋑を比べると、xとyは同じ式をみたしています。よって、$x=y$となります。

このような発想は、計算が得意でない私にとっては大変うれしいもので、私が数学に進んだ一番の理由はこのような自由な発想ができると思ったからです。

なお、第１章の図③～⑨についても、正方形の１辺の長さを与えたとき、すべて同じように円の半径が等しいことを示すことができます。

第１章とは別の異形同術問題も出しておきましょう。第１章の問題は、すべて同じ大きさの円に関する問題でしたが、ピタゴラスの定理を使うことで、かなり違ったタイプ（というより、本当に異形）の異形同術問題が生まれます。

28 図中の正八角形の１辺の長さを求めなさい。

正方形の１辺を４cmとします。第１章の問題04で出てきた⑤の円を取り除いて、中にある正方形の四隅を切って、正八角形を作りました。この正八角形の１辺の長さを求めなさい。

ヒント　このとき、中の正方形の１辺の長さは、図のABの長さですが、これは１辺が2cmの正方形の対角線の長さです。

このABは、$AB^2=2^2+2^2=8$をみたすので、$AB=\sqrt{8}=2\sqrt{2}$となります。

⑤

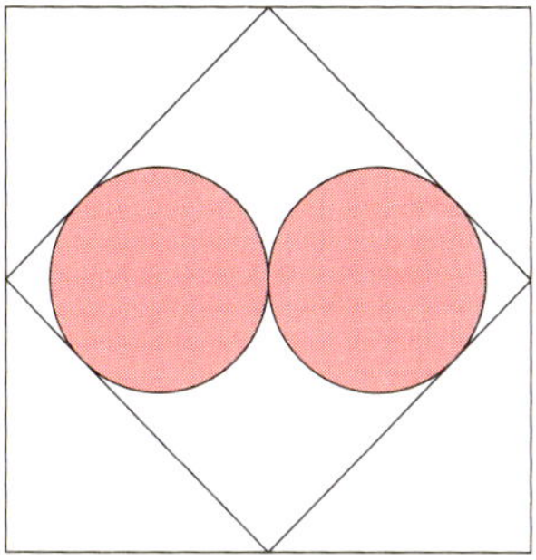

円を
取って

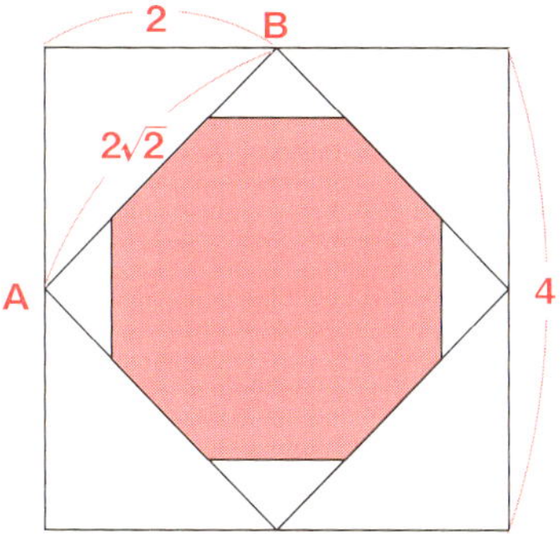

中に正八角形

28 解答

次ページの図は斜めになっていたABが水平になるように、小さいほうの正方形を回転したものです。正八角形を作るために、図の正方形の隅の４つの直角二等辺三角形を切り落とします。

切り落とす三角形の１辺をxとおくと、DEの長さは、辺の長さ$2\sqrt{2}$からADとEBの長さを引いたものです。

AD＝EB＝xですから、DE＝$2\sqrt{2}-2x$……ⓤとなります。

一方、DCは、直角二等辺三角形ADCの斜辺で、他の２辺がx、xですから、

DC＝$\sqrt{2}x$……ⓔとなります。

２つの線分、DEとCDは、ともに正八角形の辺ですから、CD＝DEです。

よって、ⓤとⓔによって、

$\sqrt{2}x=2\sqrt{2}-2x$

よって、 $\sqrt{2}x+2x=2\sqrt{2}$……ⓞ

このⓞは、142～143ページのⓐまたⓘと同じ式です。

よって、$x=2\sqrt{2}-2$となります。

これから、DE＝$2\sqrt{2}-2(2\sqrt{2}-2)=4-2\sqrt{2}$となります。

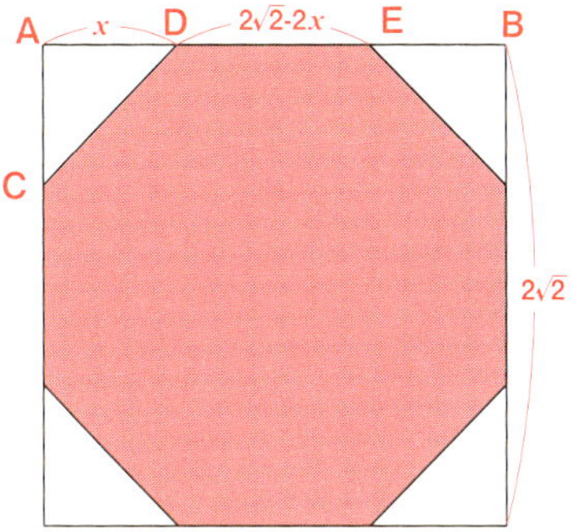

中の正方形を45°回転し拡大

この答えが第1章の異形同術問題と何が関係あるか？ というと、⑤の図を使って、この正八角形を作図することができるのです。

⑤の中の小さな正方形の4つの頂点を中心として、⑤の円と同じ半径の円を4つ描くと、小さな正方形の辺とその円との交点が正八角形の頂点になるのです。

⑤から正八角形を作る方法

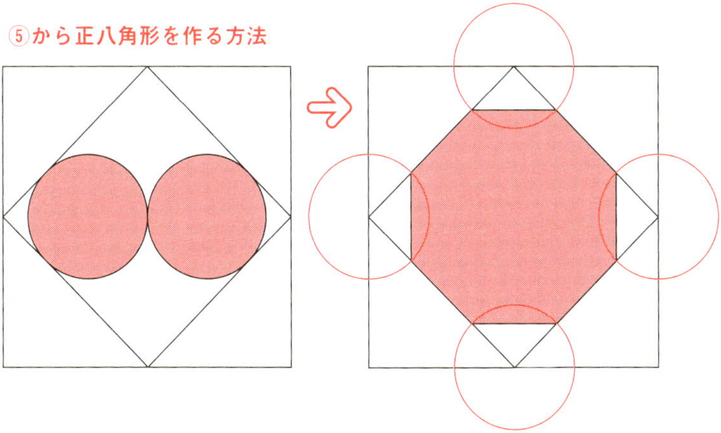

第　4　章

「計る道具」で数学の奥深さを知る

砂時計問題

砂時計で学ぶ

砂時計を見たことがありますか？　以前、長距離電話の代金が高額で、料金の時間単位が３分だったころ、３分計の砂時計が電話機のそばによく置いてありました。また、「３分待つのだぞ」というコマーシャルでインスタントラーメンが売り出されたときも、砂時計は重宝したものです（歳がばれますね）。

でも、最近は長距離電話もそんなに神経質に時間を気にしなくなりましたし、デジタルタイマーが安く手に入るようになったので、実用品としての価値が減ってきました。現代の砂時計は、むしろ装飾品的に使われるようになっています。

ですが、少し前に、開発途上国の医療奉仕で働く方のドキュメンタリー番組の中で、現在でも砂時計が実用品として活躍しているのを見ることができ、いろいろ考えさせられました。そこでは、脈を計るときに、時計が高価だから砂時計を使っているのでした。

実用的価値はともかくとして、私たち数学の関係者から見ると、砂時計は子どもたちが興味を示してくれて、かつ数学的な意味も深い、ありがたい対象です。私が若手数学者だったころ、中学校の教科書の章扉に最初に書いたのが砂時計でした。

ここでは「２個の砂時計しかないときにどれだけの時間を計れるか？」という古典的問題を考えていきましょう。まずはウォームアップ問題からです。

29 ３分計と５分計を使って１分を計りなさい。

砂時計の３分計と５分計で１分を計るにはどうしたらよいでしょうか。

３分計とは、ひっくり返して砂が全部落ちるのに３分かかる砂時計のことです。

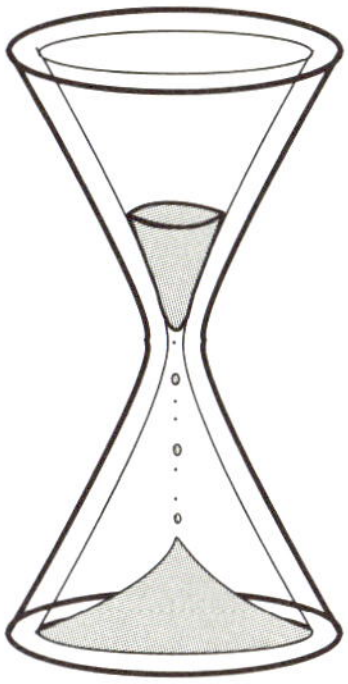

3分計

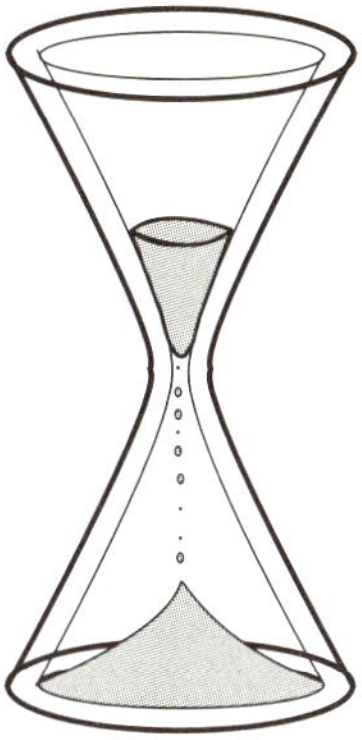

5分計

29 解答

3分計と5分計を同時にスタートさせて、5分計の1回目が終わったところから、3分計の2回目が終わるところ（6分）まで計ります。

この計り方を下の図のように線の上で表すと、非常にわかりやすいですね。この図を「線図」といいます。これからは、このような線図で表現して、さらに上のように計り方もいえるようにしましょう。

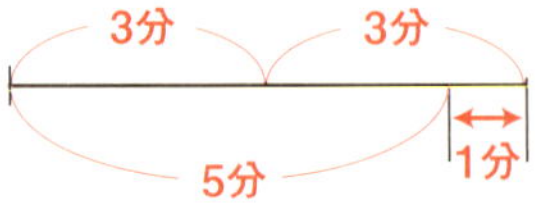

「プレゼンテーション力」は、このように図で表現する作業をすることで、ついてくるはずです。つまり、プレゼンテーション力も数学を学びながら鍛えることのできる技術なのです。

また、この問題には、別の解答もあります。3分計と5分計を同時にスタートさせて、3分計の3回目が終わったところ（9分）から、5分計の2回目が終わるところ（10分）まで計る方法です。

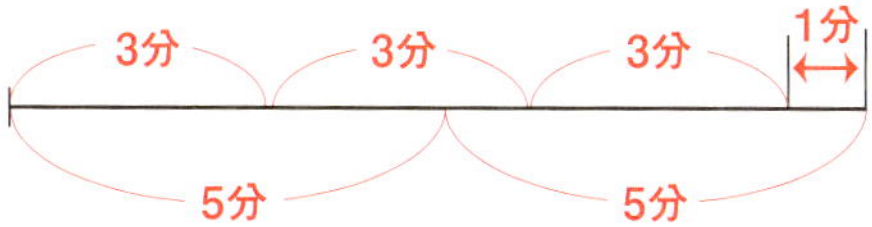

砂時計の問題には、最小公倍数（この場合15分）までに必ず2つの解答があります。基本的には簡単なほうを採用します。

問題29は、かなりやさしかったでしょう。最初にウォームアップ問題といったように、線図という用語や解き方に慣れていただくためのものですから、ご容赦《ようしゃ》ください。では、少し歯ごたえのある問題をどうぞ。

30 ４分計と７分計を使って２分を計りなさい。

砂時計の４分計と７分計で２分を計りたいのです。どう計ったらよいでしょうか。問題29のように線図で表して、計り方を文章に書いてみましょう。

4分計　　7分計

今度は、どちらも何回か倒して計ることになります。4分計でm回計ると、4m分ですし、7分計でn回計ると7n分ですね。

つまり，4mと7nの差が2となるようなm、nの組を探せばよいのです。

4の倍数を順にあげていくと、4、8、12、16、20、24、28、…、同様に7の倍数を順にあげていくと、7、14、21、28、…ですね。

基本的には、最小公倍数28のところまでで決まってしまいます。28から先では、4mと7nの差は同じ繰り返しになることが容易にわかるでしょう。4mと7nを28まで描いたのが下の線図です。

この中で差が2になるところを探せばよいのです。

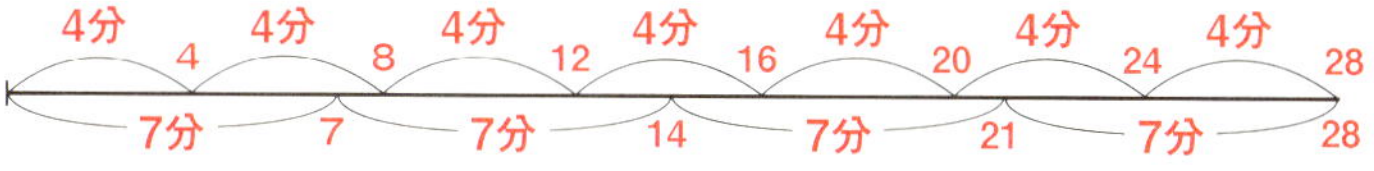

この中に差が2分のところが2か所ありますね。どちらでも正解ですが、なるべく所要時間の少ないほうを選ぶのが普通です。

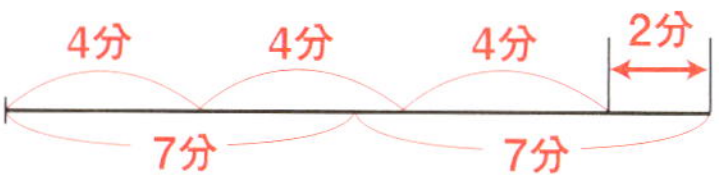

30 解答

４分計と７分計を同時にスタートさせて、４分計の３回目が終わったところ（12分）から、７分計の２回目が終わるところ（14分）まで計ればよい。

線図は、もちろん今参考にした部分です。

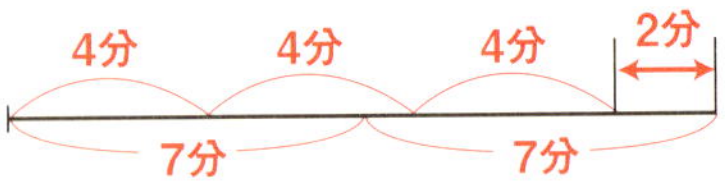

この問題にも、最小公倍数（28分）までに、別の計り方があります。それは、宿題にしましょう。

だんだんこういう問題の本質が見えてきたのではないでしょうか。４分計と７分計でk分が出てくるということは、ある自然数mとnがあって、

$k = 4m - 7n$　あるいは、$k = 7n - 4m$

と表せるということなのです。このことを頭に入れておくと、次の問題31はやさしいかもしれません。

この問題も、問題29、30と同じ考え方をすればすぐにわかるでしょう。

31 6分計と9分計を使って5分を計りなさい。

6分計　　9分計

ヒント　いろいろやってみると，どうやらできそうもないことがわかります。「できません」というときには理由もわかるように説明してください。

差を調べるために、線図も描いておきました。

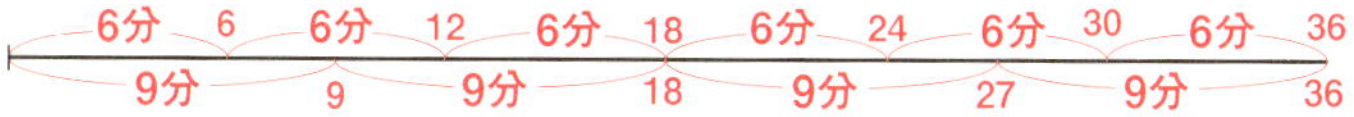

この線図でも、差が5のところは見つかりません。それどころか、差は3、6、9、…などしかありません。これらの差は一定の規則をもっているようです。

31 解答

前問と同じように、6m－9nを考えます。
この式は、次のように変形されます。

$$6m - 9n = 3(2m - 3n)$$

つまり、６分計と９分計で計れる長さは「３の倍数」分だけということがわかるのです。５は３の倍数ではありませんから、５分は計れません。

このように、砂時計の問題は倍数・約数と深い関係にあることがわかります。つまり、この問題で、２つの砂時計が３の倍数だったら、３の倍数分しか計れないことがわかりました。

仁摩《にま》サンドミュージアム（島根県大田《おおた》市）
にある世界最大の砂時計

問題31でみたような、倍数と計れる量の関係は、2の倍数でも、5の倍数でも成り立ちそうですね。では、逆に、2つの砂時計で計れる時間の長さについて、1以外の公約数がないときはどうでしょうか。

32 4分計と9分計を使って計れない時間を求めなさい。

2つの砂時計4分計と9分計で分単位の時間で計れないものがあるでしょうか。

ヒント　1分、2分、3分、とやっていってもできないことはありませんが、ここは、まず1分を計ります。それから、式で表現してみましょう。

下の線図を使えば、この2つの砂時計で1分を計ることは、簡単な問題の1つでした。

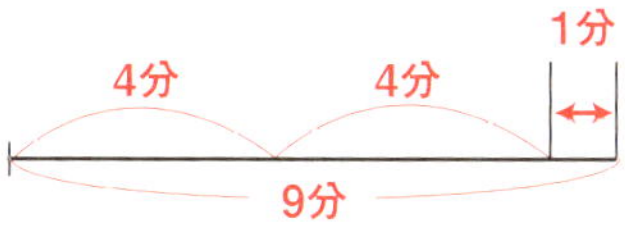

この計り方を式で表現すると、次のようになります。

$9 \times 1 - 4 \times 2 = 1$……①

また、自然数nが次の式で表せれば、2つの砂時計でn分が計れることになります。

$9 \times \square - 4 \times \square = n$……②

さて、①と②は大変よく似ています。ですから、①を使って②を表せないでしょうか？

32 解答

ヒントで次の式ができることがわかりました。

$9 \times 1 - 4 \times 2 = 1$……①

また、自然数nが次の式で表せれば、２つの砂時計でn分が計れることになります。

$9 \times \square - 4 \times \square = n$……②

上の①の式の右辺が１で、②の式の右辺がnです。ですから、①の式の両辺をn倍すれば、右辺だけでも②と同じになります。

$(9 \times 1 - 4 \times 2) \times n = 1 \times n$……①′

この式を、左辺を分配法則で開くと、

$9 \times 1 \times n - 4 \times 2 \times n = 1 \times n$

整理すると、次のように書けます。

$9 \times n - 4 \times 2n = n$

この式は、「4分計を2n回計り終えてから、9分計のn回目の終わりまでがn分」ということを意味しています。

答え　すべての自然数nに対してn分を計ることができる。

なお、この解答は「すべての分を計ることができる」といったのですが、この計り方は最速ではありません。

この解答にしたがって、3分を計るには、nに3を代入して、

$$9\times3-4\times6=3$$

となるわけですが、普通はこんな面倒な計り方はしませんね(27分もかかります)。

$$4\times3-9\times1=3$$

ですから、12分間で決着がつきます。

でも、「どんな場合でも計れる」ということを示すのは、ものごとを進めるときの指針として大変大切なのです。

さて、ここまで、砂時計のパズルをやってきました。砂時計は10分くらいまでは種類も豊富ですが、それを超えると、30分計、60分計というように、30分の倍数が続き、あまりこのようなパズルには適さないような気がします。

ちなみに、島根県と韓国には1年を計れる大砂時計があるそうです。

砂時計の問題の仲間に、水汲《く》みの問題があります。基本的には同じ考え方ですが、この問題は、和算が得意とする「油分け算」（第５章）に続くものです。

33　180ccと130ccのカップを使って200ccを計りなさい。

調味料200ccをなべに入れたいのです。使えるカップは、180ccと130ccの２つ。どうしたらよいでしょうか？

ヒント　基本的には、砂時計の方法と同じです。ただ、こちらの場合は、なべから汲み出すという形で差をとることになります。また、問題のけた数が大きいと感じたら、200→20、180→18、130→13などと考えれば同じようなものです。

ですから、線図にはあらかじめ10で割った数で目盛りをつけてもよいでしょう。（下図の数は10で割っていません。）

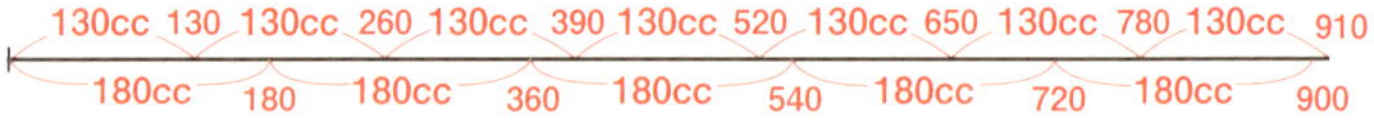

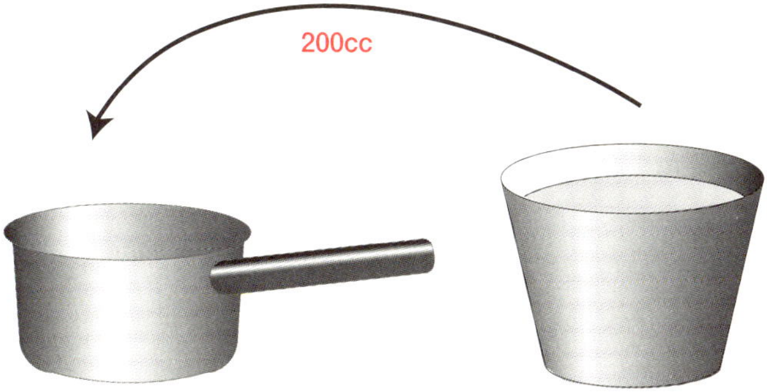

180cc　　130cc

33 解答

ヒントでは、10で割った数で線図を作ってもよいといいましたが、この解答では普通の線図にしました。ただし、適当なところで切ってあります。ここまでになかったら、線を右に伸ばして、書き込んでいけばよいだけです。最終的には最小公倍数の2340ccの直前まで伸ばせば大丈夫ですが、多くの場合は途中までで、解答の中の1つが出てきます。

この線図で200ccの差がある場所を探します。下の線図の中では、$130\times4=520$と$180\times4=720$の差が200となります。

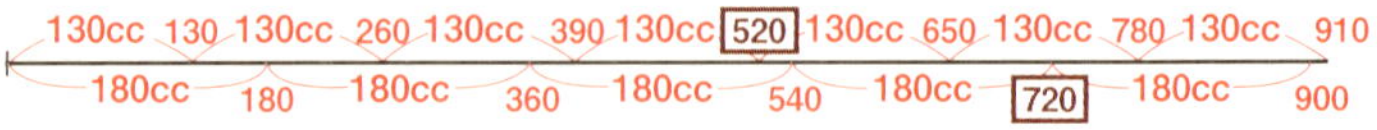

つまり、式で表すと、

$$180\times4-130\times4=200$$

つまり、180ccのカップで4回入れて、その中から130ccのカップで4回汲み出せば、200cc残ります。もし180ccのカップで入れているときにあふれそうだったら、130ccのカップで汲み出しておいて、あとで汲み出す回数を減らしても構いません。とにかく、180ccのカップで4回入れて、130ccのカップで4回汲み出せばよいのです。

砂時計でもそうでしたが、最小公倍数の130×18（＝180×13）までに、必ずもう1つの解があります。それは、この線図の外ですが、式で表すと、

130×14－180×9＝1820－1620＝200

となります。こっちのほうは、途中で何回もあふれそうになりかねません。ですから、簡単なほうを採用するのが合理的な判断だとわかるでしょう。

次は、お酒を飲むときや、節分の豆まきなどに使われる「マス」を使った、特殊な水汲みの問題です。なお、最近の教科書では、リットルをℓとは書かずにLと書きます。

34 6Lマスを使って3Lと1Lを計りなさい。

インターネット上の相談サイト（2011年、大学入試でこのコーナーを、ある受験生が悪用して大騒ぎになった、あのサイトです）を見たところ、こういう相談がありました。

「“6L容器と5L容器で3Lを計りなさい”という問題がありましたが、6L容器を傾ければ3Lは簡単に計れるのではないでしょうか」

実は、6Lマス単独で、3Lや1Lも計ることが可能だといいます。どうするのでしょうか。

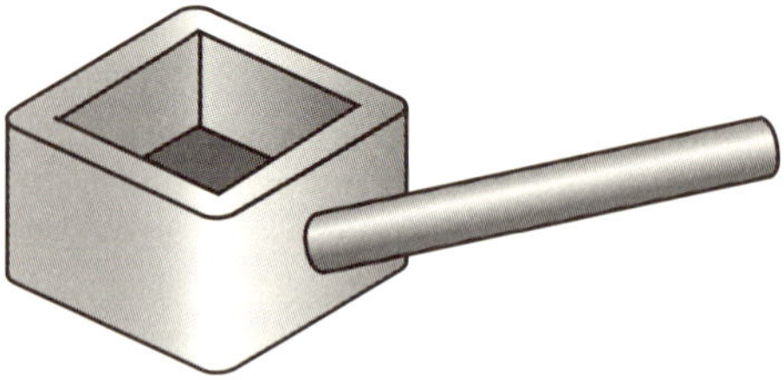

水（酒）汲み用マス

通常、このような水汲み問題では、たとえば、6L容器で水を計るときは、6Lきっちり汲み出すか、他の容器がきっちりいっぱいになるまで入れる、あるいはその余ったものを入れるなどの操作以外は認められませんでした。

このことは、明記しなくとも円柱形の容器を描いておけばわかるので、あまり断りませんでした。ところが、日本の水汲み問題では、四角いマスという便利なものがあり、そうはいってられないのです。

34 解答

3Lは、下図のように傾ければ、3Lの三角柱の水が残ります。

また、マスを次ページの図のように傾けると中の水で三角すいができます。その三角すいの底面積は、マスの内側の直方体の底面積の2分の1。また高さは直方体の高さと同じです。

三角すいの体積は底面積×高さ×$\frac{1}{3}$で求めます。よって、体積は、マスの容積の$\frac{1}{3}\times\frac{1}{2}=\frac{1}{6}$ですから、1Lとなります。

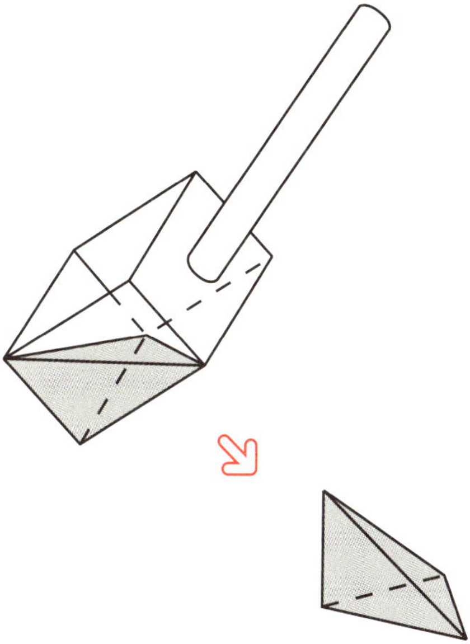

＊参考文献：中村義作「酒の量り売り」『話題源数学』（東京法令出版）

第5章

グラフで和算の解を求める

油分け算

第5章

和算の代表的な問題

この章で扱う油《あぶら》分《わ》け算《ざん》は和算の得意な問題です。ですから、鶴亀算《つるかめざん》と並んで、和算の代表的な問題とされることがあります。

しかし、油分け算がはじめて載ったのが、江戸時代の和算家の吉《よし》田《だ》光《みつ》由《よし》（1598 ～ 1672）が1627（寛《かん》永《えい》４）年に出版した『塵劫記《じんこうき》』ですが、西洋のほうでは、ワインを分ける問題として出されていて、それはイタリアの数学者タルタリア（1499 ～ 1557）の出題だそうです。ですから、年代としては、ワインの問題のほうが１世紀早いのです。

なぜ、それなのに和算の代表的な問題になったのでしょうか。それは、江戸時代の油は照明に使われていて、子どもたちの身近な存在だったことが考えられます。遠藤《えんどう》寛《ひろ》子《こ》さんの『算法《さんぽう》少《しよう》女《じよ》』の中にも、「あき（主人公の少女）の家では、油を節約するため、いつものように芯《しん》を小さくした行燈《あんどん》のまわりに……」という描写が出てきます。子どもたちに教えるのに、ワインよりははるかに教育的だったと思われます。

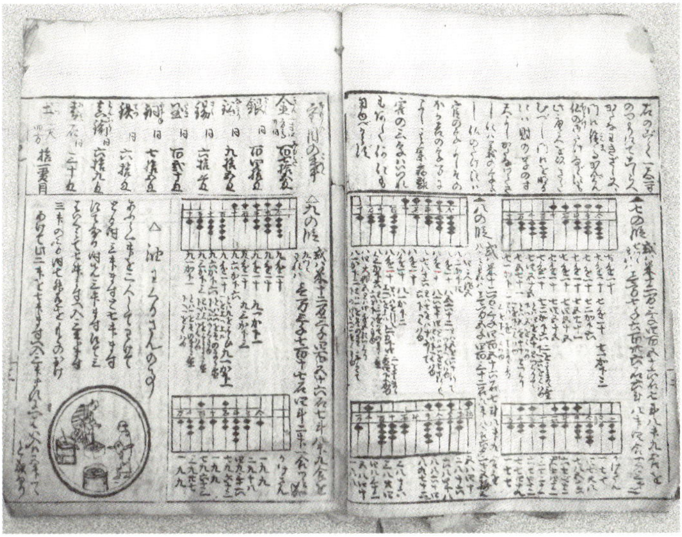

江戸時代に流行した数学書『塵劫記』

それでは問題です。塵劫記では、升《しよう》、合《ごう》などの単位が使われていましたが、現代風にリットル(L)に直しました。

35 10Lの油を7Lと3Lの容器で5Lずつに等分しなさい。

10Lまで入る容器の中に10Lの油がみたされています。これを2人に分けたいのですが、ほかは7Lの容器と3Lの容器しかありません。5Lずつに等分するにはどうすればよいでしょうか。

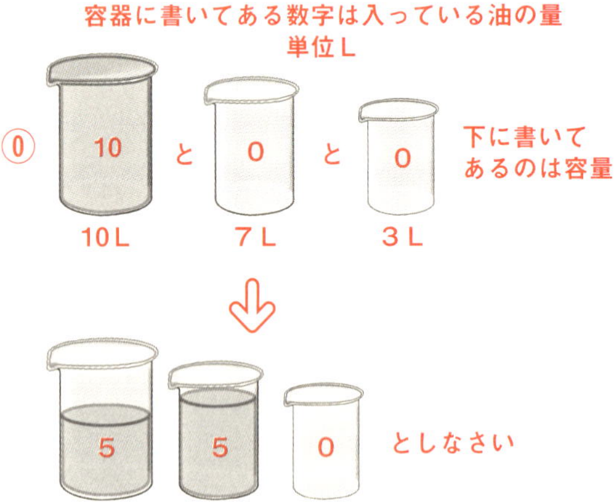

今までの水を汲む問題と見かけはあまり変わりません。でも、まず、一番大きい入れものが10Lで、ギリギリの大きさで、容器はこれを含めて3つです。第4章の問題33の図を見ていただけば、すぐわかりますが、このとき容器は4つで、そのうち2つには容量の制限がありませんでした。

なお、10L容器と7L容器では太さが違いますから、同じ5Lを入れても、高さが違って見えます。

35 解答

この問題をスラスラ解けた方は非常に優秀です。少なくとも9回の手順が必要です。問題33からちょっと条件を変えただけで、非常に難しくなったことがわかったでしょう。碁石《ごいし》やおはじきを使って実際に移動させてみてください。

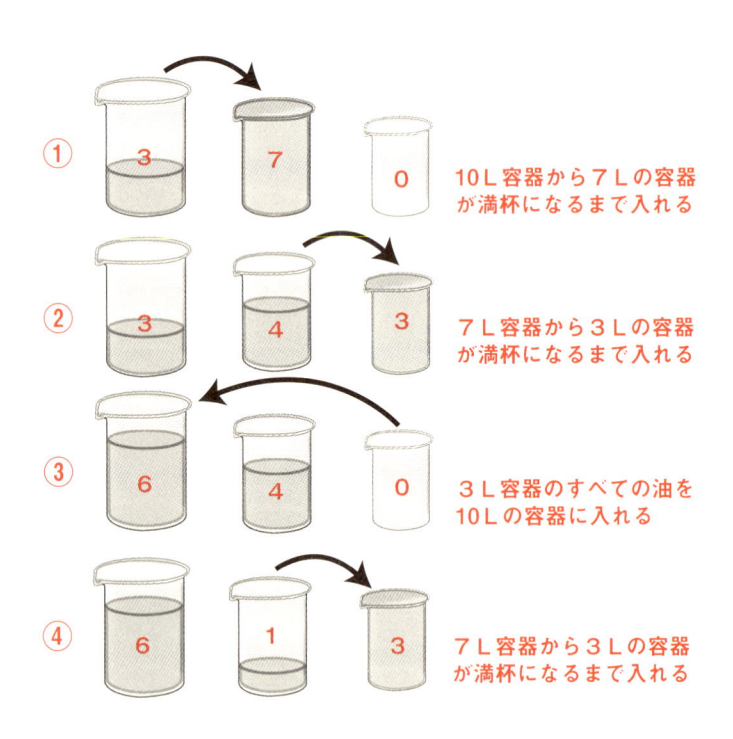

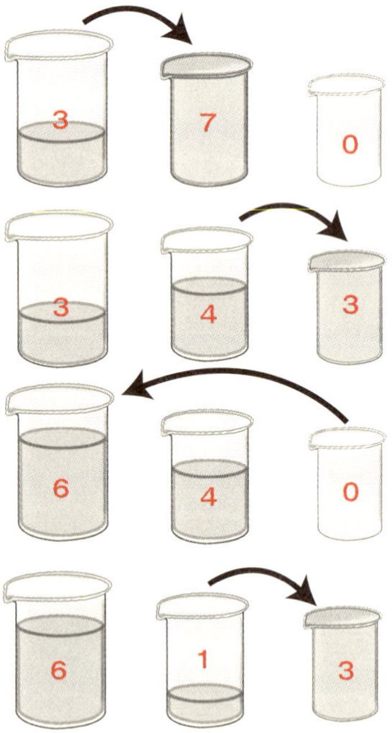

① 10L容器から7Lの容器が満杯になるまで入れる

② 7L容器から3Lの容器が満杯になるまで入れる

③ 3L容器のすべての油を10Lの容器に入れる

④ 7L容器から3Lの容器が満杯になるまで入れる

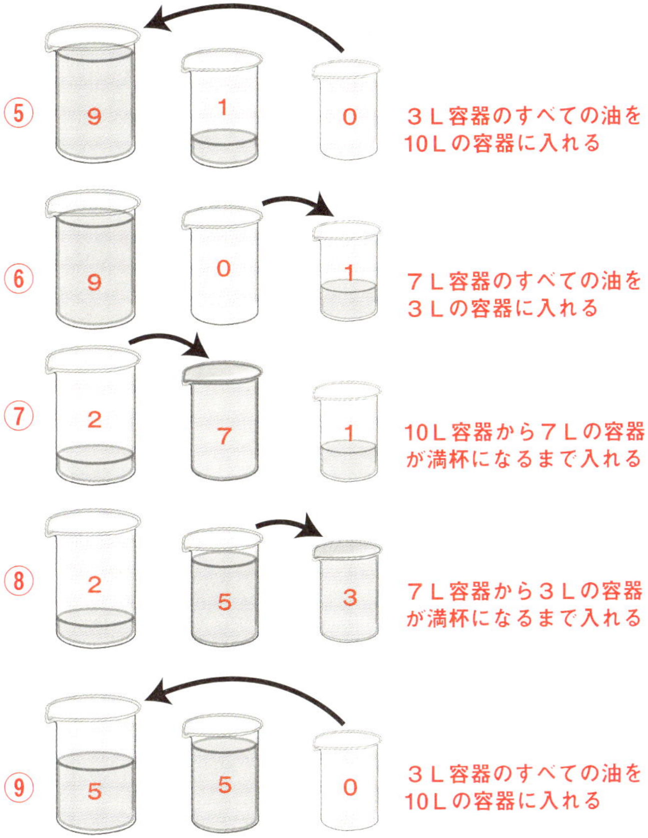
⑤
9
1
0
３Ｌ容器のすべての油を
10Ｌの容器に入れる
⑥
9
0
1
７Ｌ容器のすべての油を
３Ｌの容器に入れる
⑦
2
7
1
10Ｌ容器から７Ｌの容器
が満杯になるまで入れる
⑧
2
5
3
７Ｌ容器から３Ｌの容器
が満杯になるまで入れる
⑨
5
5
0
３Ｌ容器のすべての油を
10Ｌの容器に入れる

よって、９回の手順でできます。

それで、皆さんに次に考えてもらいたいことは、「このような問題が出たときに、いつでも手順を示すことができるか？」ということです。そこで、次の問題です。

問題35の解答を分析しましょう。数学では、昔から、分析するためにグラフを描いてきました。小学生のころ、「朝顔のつるがどこまで伸びたか」とグラフを描いた方も多いでしょう。それが、グラフを学ぶ第一歩だったのです。

36 横軸を7L容器、縦軸を3L容器とし、用紙に問題35の解答の油の量のグラフを描きなさい。

この場合、３つの容器の中の量が分析の対象ですから、本来は３次元のグラフが望ましいのです。実際、お茶の水女子大の真島《まじま》秀行《ひでゆき》教授は、それを提唱しています（『教育科学／数学教育』2005年8月号No.573 pp.72-76「油分け算についていくつかの注意」真島秀行）。

でも、数学に慣れていない方には、これはきついかもしれません。ですから、次のようにします。

７L容器と３L容器の油の量がわかれば、10L容器の油の量も出てきます。ですから、７L容器と３L容器の中の油の量でグラフを描けばよいのです。

このとき１回目の量のところで①、２回目の量のところで②、…と記していきましょう。

また、動きがわかるように、⓪→①→②→…というように、出発点0から順に矢印をグラフにつけていきましょう。

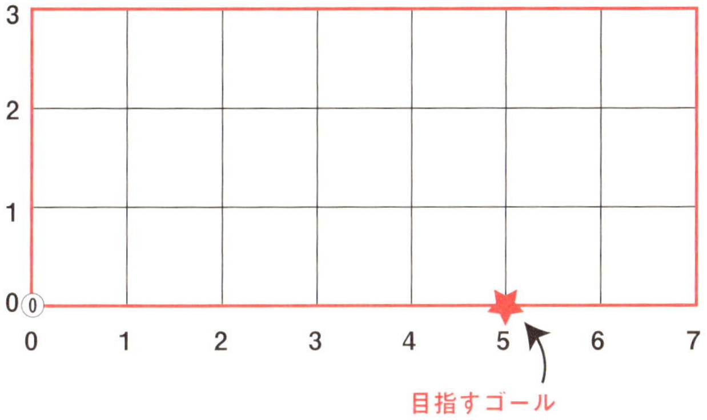

36 解答

これは単純に前問の結果をグラフ上に写していくだけの作業です。頭を使っていないような気がするかもしれませんが、この作業によって、見えてくるものがあるはずです。

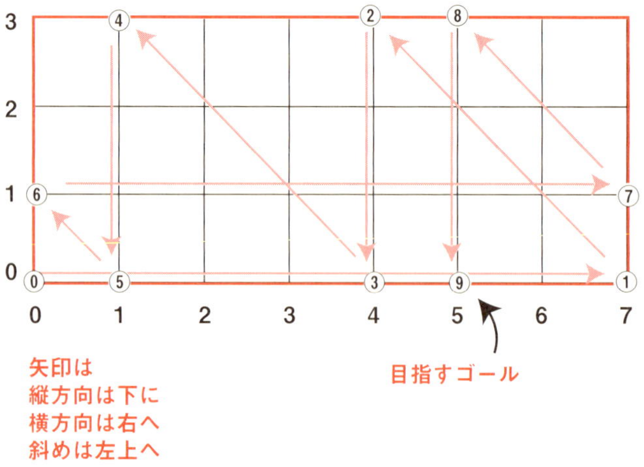

何か見えてきましたか？

この図から、⓪、①、②、③、…⑨を記入できる場所は、図の濃い赤の境界線上に限られることがわかります。また、ゴールは10L容器と7L容器にそれぞれ5Lが入り、3L容器には入っていません（0L）から、(5,0) の点です。

また、この領域内の動きは次のようになっていることがわかります。

> 基本的には、原点から右横、斜め左上、下、右横、斜め左上、……の順で動いていく。でも、順番通りに行くと元に戻る場合はその順番をカットする。

これを検証しておきます。

最初に、横の線を右方向に端にぶつかるまで動き（①)、ぶつかったら、左上がり45°の線で目いっぱい動きます（②)。そして、またぶつかったら、下へ目いっぱい動きます。ここまでで③まで来ました。

そして、③のところに来たとき、右横に進んだら①に戻ってしまうので、斜め左上に進むことになります。ここからはまた、斜め左上（④)、下の動きを続け（⑤)、⑥まで来たら、下に行くと⓪に戻ってしまうので、右横に行きます。

この動きを理解すると、解答図を見なくとも、グラフを描いていくことができます。

第5章

砂時計や水汲み問題には、必ず２つのやり方がありました。グラフで見ると、それが浮かび上がってきます。この問題で２つのやり方を導き出してみましょう。

37 問題36とは別のパターンのグラフを描きなさい。

グラフ用紙は前問と同じものです。前問の解答は、7L容器を満杯にするところから始めたので、別の方法というと、3L容器を満杯にするところから始めなければならないことがわかります。

ヒント ゴールは同じですが、最初に上に向かう動き（10L容器の油を移動して3L容器を満杯にする）から始めますので、次に行けるのは、斜め右下のほう（3L容器から7L容器へすべての油の移動）となります。

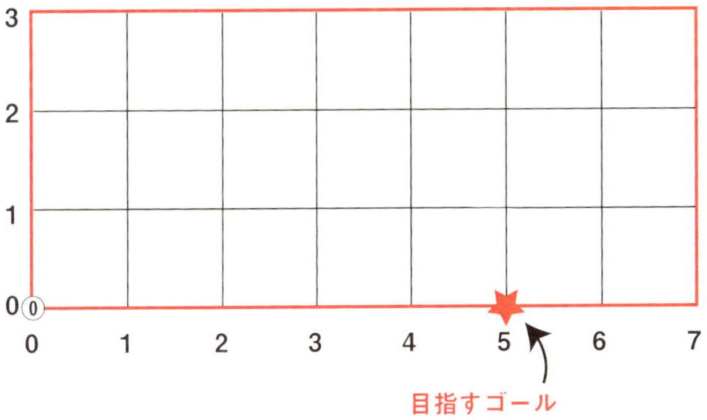
3
2
1
0 0
0 1 2 3 4 5 6 7
目指すゴール

37 解答

次ページのグラフのようになります。

問題36と同じ理由で、油の移し替えの各段階で、グラフ上に⓪、①、②、③、…⑨、⑩を記入できる場所は、図の赤い境界線上に限られることがわかります。また、ゴールも同じ、(5,0) の点です。

また、この領域内を動くとき、縦の方向は下から上に、横の方向は右から左に、斜めの方向は右下がり45°で動くことがわかります。

この方法では、10回の手順となります。ですから、塵劫記に出題された油分け問題（問題35）の最小手順は9回ということがわかります。

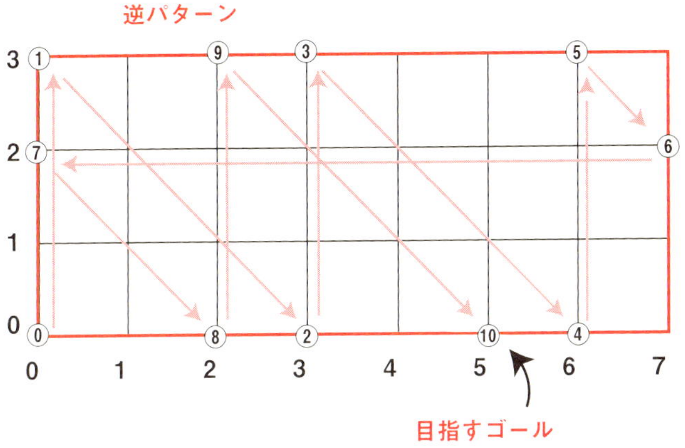
逆パターン
3
2
1
0
0
1
2
3
4
5
6
7
1
9
3
5
7
6
0
8
2
10
4
目指すゴール

グラフを使った油分け問題の解き方を完璧にするために、もう一問、自分で解いてみましょう。

38 12Lの油を7Lと4Lの容器で6Lずつに等分しなさい。

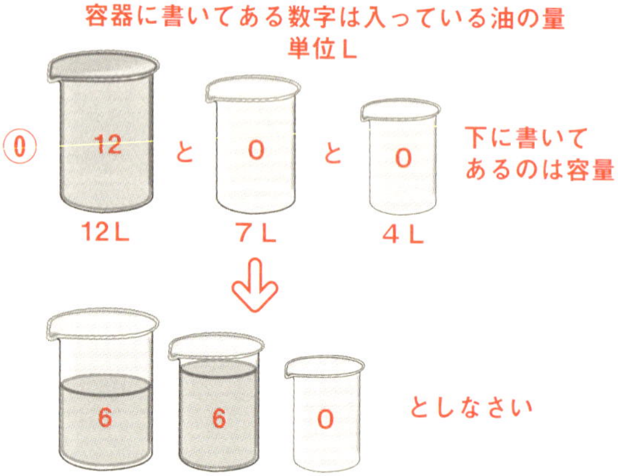

なお、12L容器と7L容器では太さが違いますから、同じ6Lを入れても、高さが違って見えます。

今度は、いきなり、グラフからいってみましょう。次のグラフ用紙に書き込んでください。目指すゴールは、(6,0) です。用紙は２つ用意しました。逆パターンと比べると面白いですよ。

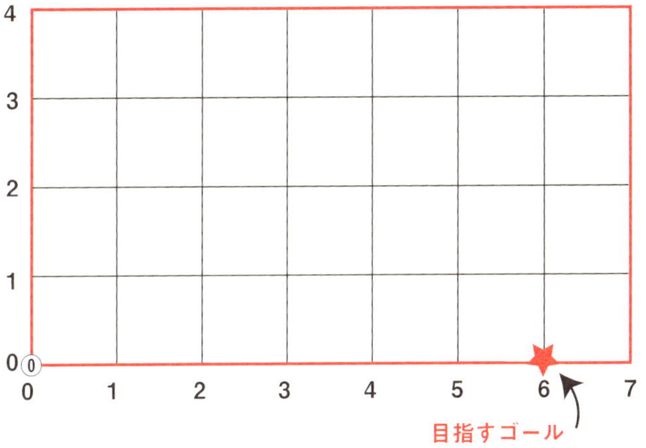

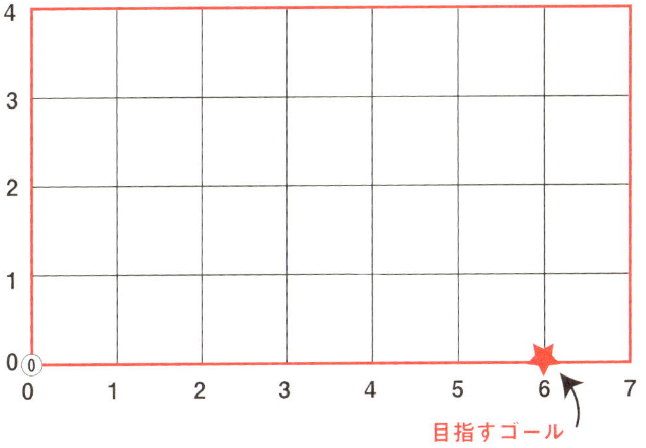

38 解答1

7L容器を満杯にするところから始めるパターン。右横、斜め左上、下の3方向で、境界から境界に動かしていきます。全体の油量が増えたにもかかわらず、手順は7回ですみました。

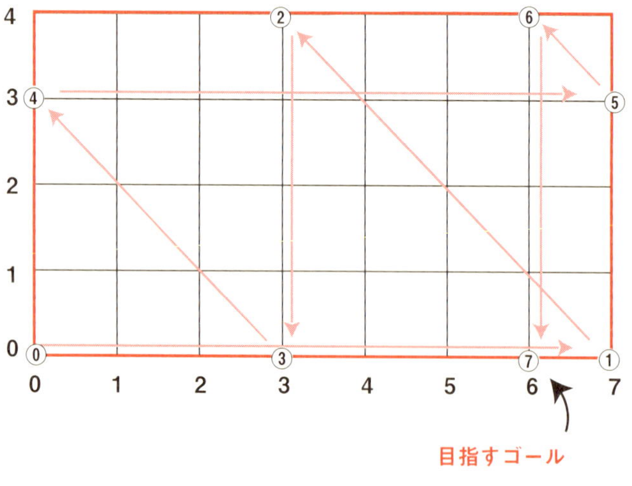

解答 2

4L容器を満杯にするところから始めるパターン。上、斜め右下、左の3方向で、境界から境界に動かしていきます。こちらは、まったく違って14回の手順が必要です。

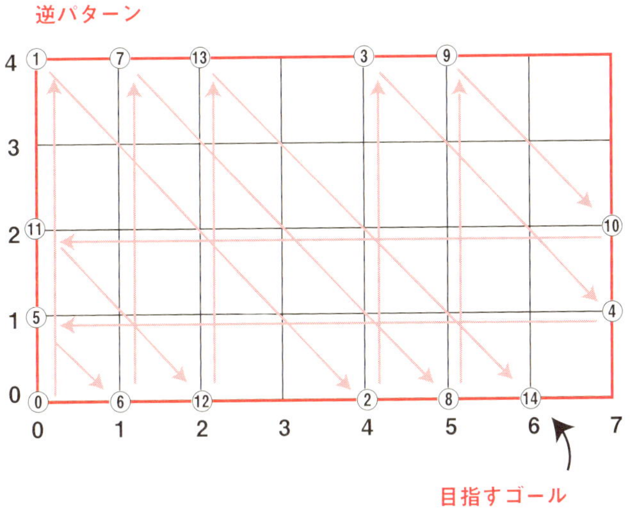

砂時計・油分け問題を通じて、整理をすることで、問題がやさしく解けることがわかったでしょうか。

●本文写真提供
岡部恒治
トモエ算盤
ちむ / PIXTA(pixta.jp)

岡部 恒治 略歴

数学者、埼玉大学名誉教授。1946年、北海道に生まれる。東京大学理学部数学科卒業、同大学院修士課程修了。現在の計算偏重の算数・数学教育に異論を投げかけ、独自の算数・数学教育を実践する。その一環として、理科・数学の魅力を伝える体感型ミュージアム「リスーピア」(パナソニックセンター東京内)を監修している。著書に、『考える力をつける数学の本』(日経ビジネス人文庫)、『分数ができない大学生』(共著、東洋経済新報社)、『マンガ・微積分入門』(講談社ブルーバックス)、『大人の算数』(梧桐書院)、『通勤数学1日1題』(亜紀書房) などがある。また、デジタルコンテンツショップモール「Fan+」のショップ「サイエンスエレメンツ」では、『通勤数学1日1題〈クラウド版〉』が配信されている。

もっと通《つう》勤《きん》数《すう》学《がく》1日《にち》1題《だい》 和《わ》算《さん》も

著者　岡《おか》部《べ》 恒《つね》治《はる》

2012年5月7日　第1刷発行

発行所　株式会社亜紀書房
東京都千代田区神田神保町1-32　〒101-0051
電話　03-5280-0261
振替　00100-9-144037

装幀＋本文デザイン　水戸部功
本文DTP＋図版作成　朝日メディアインターナショナル株式会社
図版原案　長谷川愛美
印刷・製本　株式会社トライ　http://www.try-sky.com

ISBN978-4-7505-1206-8

http://www.akizero.jp

キレイならいいのか
デボラ・L・ロード 著
The Beaury Bias

ダイエット四〇〇億ドル、化粧品一八〇億ドル、巨大市場を生み出すバイアスに迫る！　法曹倫理の第一人者が、医療業界やメディアにおける「美のバイアス」を歴史的・文化的背景を踏まえながら検証する。

２４１５円

イギリスを泳ぎまくる
ロジャー・ディーキン 著
Waterlog

ある日突然、男は決意する、水のあるところすべてを泳ぎまくろう、と。泳ぐことの陶酔を書きつけながら、静かに自然保護の重要性を訴えた、特異で、驚異のスイミング・レポート。野田知佑氏推薦。

２６２５円

ユダヤ人を救った動物園
ダイアン・アッカーマン 著
The Zookeeper's Wife

ナチが虐殺と収奪、破壊を行ったポーランド。しかし、根強い抵抗運動が繰り広げられ、ワルシャワ動物園の園長夫妻もユダヤ人を匿って総勢３００人の命を救った。その緊張と解放の一部始終を記す。

２６２５円

アフガン、たった一人の生還
マーカス・ラトレル with パトリック・ロビンソン 著
Lone Survivor

山上で山羊飼いを見逃したことがもとで、仲間3人と救助隊員のすべてが死んだ。米海軍特殊部隊の唯一の生き残りが記す戦場の真実！　民間人を殺すと罪になる？　それがテロリストと通じていたとしても？

２６２５円

哲学する赤ちゃん
アリソン・ゴプニック 著
The Philosophical Baby

赤ちゃんは現実と非現実をわきまえ、物事の因果関係を知り、統計的分析をし、人の性格を読み取り、記憶力がいい……その豊かな能力がなぜ長じる程に減衰するのか？　人間の可能性を再発見する書。

２６２５円

災害ユートピア
レベッカ・ソルニット 著
A Paradise Built in Hell

巨大地震や洪水などで一般の人々がどう行動し、行政や警察・軍が何を行ったかを実証的に検証した本。庶民による暴動、略奪など一切起きていない、そこには特別な共同体が立ち上がる、と論証する。

２６２５円

▼価格は税込です